湛庐CHEERS

与最聪明的人共同进化

HERE COMES EVERYBODY

千脑智能

[美] 杰夫·霍金斯 著
Jeff Hawkins

廖璐 熊宇轩
马雷 译

A Thousand Brains

浙江教育出版社 · 杭州

杰夫·霍金斯

Palm 掌上电脑创始人

美国国家工程院院士

计算机科学家和神经科学家

Palm

Palm 掌上电脑创始人

1957 年，杰夫 · 霍金斯出生于美国纽约长岛。他的父亲是一个修理匠和划船爱好者。霍金斯从小受到家庭的熏陶，在建筑和设计方面的经历激发了他对数学、物理和工程学方面的兴趣。他决定进入大学学习电子工程专业，并于 1979 年在康奈尔大学获得了学士学位，之后加入英特尔公司工作。

在英特尔公司工作几年后，霍金斯申请了麻省理工学院人工智能实验室的研究生，提出以大脑理论为基础创造智能机器，但遭到了拒绝。1986 年，霍金斯来到加州大学伯克利分校攻读博士学位，并试图做发展大脑功能完整理论的研究。但由于这个研究风险较大，霍金斯想要专注于该理论的研究提案再一次被拒绝。霍金斯在加州大学伯克利分校的两年中，在图书馆里阅读了大量关于神经科学的论文，也读了许多心理学家、语言学家、数学家和哲学家等对大脑和智能的看法。

后来，霍金斯决定回到硅谷，重新投身工业界。他带着 PalmPrint 专利——一种手写识别的软件算法，加入了 GRID 系统公司，该公司专注于设计和制造商用的便携式计算机。霍金斯担任公司的研究副总裁。

在 GRID 系统公司，霍金斯和他的团队开发了第一台平板电脑 GRIDPad，但是它又大又笨重。一直以来，他在脑海中构想的是开发一台非常小的便携式计算机。1992 年，他离开 GRID 系统公司创办了自己的公司，并获得了风险投资，聘请了公司第一任首席执行官比尔·坎贝尔（Bill Campbell）和帮助他制定战略计划的唐娜·杜宾斯基（Donna Dubinsky）。于是，Palm 电脑公司诞生了。

当时，包括苹果公司在内的几家科技公司都在开发掌上电脑。Palm 电脑公司的第一款设备 Zoomer 失败了，它价格昂贵、速度慢且文本识别效率低下。但它的下一个产品，Pilot，取得了传奇般的成功。

Pilot 小到可以放在衬衫口袋里，具有日历、任务列表、备忘录书写和地址簿等多个功能。价格合理，不到 300 美元。最重要的是，它采用了霍金斯最新完善的手写识别软件 Graffiti，从而在市场上脱颖而出。第一批设备于 1996 年春季发货，在最初的 18 个月内售出了超过 100 万台。Pilot 很快变成了 PalmPilot，改进后的版本取得了更大的成功。

美国国家工程院院士

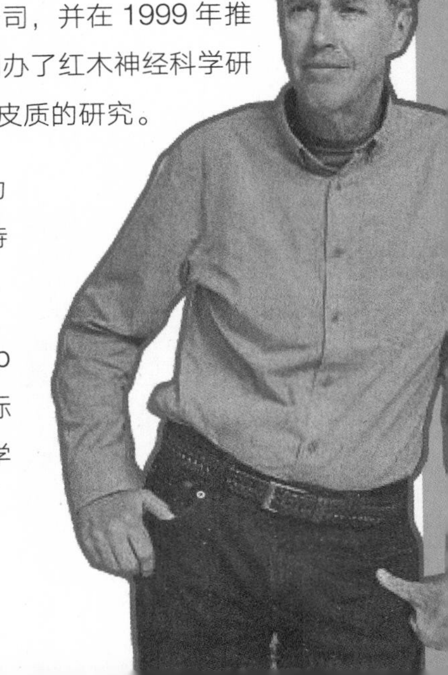

1998 年，霍金斯和杜宾斯基创办了 Handspring 公司，并在 1999 年推出了无比成功的 Handspring Visor。2002 年，霍金斯创办了红木神经科学研究所（后更名为红木理论神经科学中心），专注于大脑新皮质的研究。

2003 年，霍金斯当选为美国国家工程院院士，因为他创造了手持计算范式和第一个在商业上取得成功的手持计算设备。

2005 年，霍金斯、杜宾斯基和迪利普·乔治（Dileep George）共同创办了 Numenta 公司，公司的主要目标是专注于大脑新皮质如何工作的理论研究，并将人们所学到的关于大脑的知识应用于机器学习和机器智能。

计算机科学家和神经科学家

霍金斯推出的掌上电脑在 20 世纪 90 年代成为一种被广泛使用的提高工作效率的工具，但霍金斯最感兴趣的还是大脑本身。

1979 年，因研究基因双螺旋结构获得诺贝尔生理学或医学奖的生物科学家弗朗西斯·克里克（Francis Crick）在一篇关于大脑的文章中感叹，目前依然缺少一个宏大的理论来解释大脑是如何工作的。霍金斯被这篇文章吸引了，决定把研究大脑作为毕生的事业。

霍金斯认为，在开发人工智能之前，必须先把人类智能弄明白，只有这样才能制造出真正像人类大脑一样工作的机器。霍金斯的目标就是要弄清楚人类大脑真正的工作方式，然后对大脑进行逆向工程，并开发模拟其功能的软件，从而实现真正的人工智能。

霍金斯在《新机器智能》一书中解释了关于大脑如何工作的“记忆-预测模型”。他认为，人类的大脑皮质并不能像处理器那样工作，而是依赖于一个记忆系统，帮助我们智能地预测接下来会发生什么。

2018 年，霍金斯提出了千脑智能理论，并在他的《千脑智能》一书中详细阐释了这个理论，以及这个理论如何影响机器智能的未来、理解大脑对人类面临的威胁和机遇来说意味着什么。这本书提供了一个当前人工智能领域缺失的理论。

直至16世纪，宇宙模型还是由地球，以及围绕它运行的太阳、行星和恒星组成。然而，这一模型尽管能解释一些天文现象，却总有无法避免的偏差——金星出现在晚早，不像预期穿越苍穹；木星在夜空移动，却忽又折返……对旧模型的修补无法消弭所有偏差，直到地球和行星以椭圆轨道绕太阳运行的日心模型提出。

今天的AI尚未如我们期待那般智慧，与探寻深度学习极限的多数同行有别，霍金斯选择了另一条孤独求索的道路，也许是该有更多人加入他的行列，从修补偏差，转向发展新理论了——我们需要“AI日心说”。

张宏江

北京智源人工智能研究院理事长

《千脑智能》和《新机器智能》两本书是大师级学者杰夫·霍金斯教授深入浅出地探究人脑工作原理以及机器如何实现脑认知的著作。对于脑的推理能力和机器是否可能存在意识，这两本书都进行了深入的解读，对于未来的人类和机器世界的共存方式进行了有意思的思考。译者翻译清楚、简洁，意思也很准确，这是两本很值得读的书。

唐杰

清华大学计算机系教授

美国计算机协会会士，国际电气与电子工程师协会会士

《千脑智能》和《新机器智能》是著名的脑科学“狂人”、曾经的优秀企业家杰夫·霍金斯写的两本关于大脑智能的书。作者基于自己对脑科学知识的梳理，对大脑工作原理的基本框架提出了大胆的假设，也比较了当前人工智能与生物智能的不足。

这两本书特别适合非脑科学专业但同时又对大脑智能充满好奇的读者阅读，大家可以从中获取关于大脑结构的一些基本知识，并和作者一起对大脑工作的奥秘这个可能最具挑战性的科学问题，展开深入而有趣的思考。

吴思

北京大学心理与认知科学学院教授

1992 年，霍金斯应邀到英特尔演讲。他提出未来计算的技术将被小到足以放入口袋的计算机所主导。当时，数码音乐与摄影、WiFi 与蓝牙等还没有诞生，包括英特尔的创始人在内，没有人相信他的预测。但是，他是对的——手机已经成为我们生活的全部。2003 年，霍金斯应邀在 TED 上进行演讲。他提出了大脑智能的第一性原理：由新皮质中成百上千根皮质柱所构建的世界模型。当时，深度学习尚未登上舞台中央，而脑科学还挣扎在对单个神经元的记录中，于是，他的猜想再次被人们忽略。但是，霍金斯可能是对的，而我们现在有了验证他猜想的一切工具。更重要的是，如果他是对的，那么通用人工智能也许就不再那么触不可及。

刘嘉

清华大学基础科学讲席教授、脑与智能实验室首席研究员我曾经是《新机器智能》(*On Intelligence*) 2013年中文版译者之一，在认真翻译每句话的过程中，对杰夫·霍金斯雄辩的大脑智能理论深感震撼。近十年过去了，我们经历了深度学习浪潮，人工智能成为显学，这时重温他书中的理论，仍能强烈感受到，他对智能本质的深刻见解，很多还是现在神经网络模型没有触及的。看到霍金斯的新著《千脑智能》和《新机器智能》被一起引进国内，相信可以为人工智能发展碰撞出新的火花。特别值得一提的是，霍金斯先生知行合一，他对人类智能本质的兴趣，不仅停留在理论建构上，还亲力亲为创立公司进行探索实践。人类正是因为有像霍金斯这样的孜孜探索者，才产生了绚烂的文明与科技。虽不能至，心向往之，特别希望这两本书也能激励更多我国有志之士，投身对人类智能本质的探索与实践中。

刘知远

清华大学计算机科学与技术系副教授

2007年，作为美国神经科学学会年会的演讲嘉宾，霍金斯激情澎湃地解释了为什么研究大脑对于设计人工智能系统是如此重要，以及他自己对大脑工作原理的深刻理解。作为台下数千名听众中的一员，霍金斯的演讲在我心中埋下了从事类脑智能研究的种子。十几年过去了，人工智能和脑科学的研究都取得了巨大的进展，我们也来到了类脑智能腾飞的前夜。我相信《千脑智能》和《新机器智能》的出版将会启发更多的中国年轻人思考脑与智能的奥秘，在他们的心中点燃创新的火花。

余山

中国科学院自动化所研究员

杰夫·霍金斯是科技界的一代传奇，早在几十年前，他创建的 Palm 掌上电脑，成为今天无所不在的智能手机的原型和先驱。而商业界的功成名就只是他职业生涯的上半场，霍金斯真正的志向是探索大脑背后的奥秘，并借此构建更好的机器智能，让我们摆脱生物进化的束缚，为人类的未来文明开启更多的可能性。这或许是当今科技界最具挑战性的艰深领域，因为大脑的深处，通向了另一个浩瀚的宇宙。

余晨

易宝支付总裁，《看见未来》《元宇宙通证》作者

杰夫·霍金斯始终专注于全局思考，专注于可以解释整个系统运作方式的理论框架。他理解数据的神秘武器就像是在万丈高空俯瞰地表，这就使超越渐进主义成为可能，从而令神经科学取得真正的进步。

大卫·伊格曼

斯坦福大学脑科学家、神经科学家

《千脑智能》这本书十分具有说服力，它表达了成千上万名科学家的终极目标：理解人类思维的机制。杰夫·霍金斯对人类智能理论进行了清晰的概述，这个理论将在未来产生非常大的影响。

迈克尔·哈塞尔莫

波士顿大学系统神经科学中心主任

杰夫 · 霍金斯的《千脑智能》就是那只稀有的野兽，它提出了关于最古老的谜团之一——智能之谜的新理论。这本书思想缜密、新颖独到、富有远见。人工智能的下一个突破将如何从神经科学最近的发现中产生？我强烈推荐对这一主题感兴趣的人阅读这本书。

安东尼 · 扎多尔

美国冷泉港实验室神经科学教授

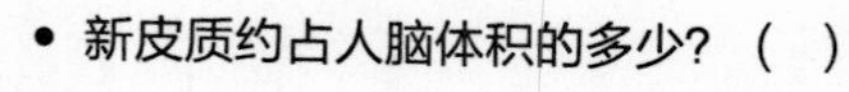

你了解有关大脑的知识吗？

扫码鉴别正版图书
获取您的专属福利

- 新皮质约占人脑体积的多少？（ ）

  A. 40%

  B. 50%

  C. 60%

  D. 70%

扫码获取全部测试题及答案，
测一测你了解有关
大脑的知识吗

- 大脑新皮质负责与智能有关的一切吗？（ ）

  A. 是

  B. 否

- 只有哺乳动物才有新皮质，这是真的吗？（ ）

  A. 真

  B. 假

扫描左侧二维码查看本书更多测试题

推荐序一

探索大脑理论的孤胆英雄

黄铁军

北京智源人工智能研究院院长，北京大学教授

杰夫·霍金斯是我佩服的极少数人之一。这里我之所以用“人”，而没有用学者（他确实醉心于研究）、院士（他是美国工程院院士）或企业家（他是掌上电脑先驱企业 Palm 创始人）等称呼，是因为很难有一个称呼可以概括他。如果一定要有一个称呼，我想说他是一位智能时代的孤胆英雄。

点燃霍金斯学者梦想的是基因双螺旋结构的发现者弗朗西斯·克里克。克里克于 1977 年移居美国，开始探索大脑和意识这个更难的问题，1979 年 9 月在《科学美国人》（*Scientific American*）杂志上发表科普文章《思考大脑》（*Thinking About the Brain*），指

出“脑科学研究明显缺乏的是一个普适的思想框架来解释这些研究结果”。那一年，霍金斯刚从康奈尔大学电子工程专业毕业，进入英特尔公司工作，被克里克的文章深深吸引。从此，寻找大脑运行背后的理论框架，就成了这名电子工程师的人生目标。

可是，英特尔公司虽然是“电脑”企业的领头羊，却没有研究“大脑”的部门，于是霍金斯转向信息领域最有可能研究这个问题的顶级学府麻省理工学院，申请人工智能实验室的博士研究生。招生面试组问他想做什么，他回答说，希望“以大脑理论为基础创造智能机器”，然而得到的答复却是：大脑只是一台混乱的计算机，研究它没有任何意义。于是他又转向了美国西海岸更加开放的加州大学伯克利分校，1986年1月被神经科学博士研究生项目录取。这次他的研究课题有所收敛——研究新皮质如何进行预测，当时的系主任弗兰克·韦伯林（Frank Werblin）组织的教授组积极肯定了这个课题的重要性，但霍金斯不确定如何开展工作，也找不到研究这个方向的导师。

作为博士生导师，我想说这样的学生特别难得。绝大多数博士生更习惯导师指定研究方向甚至论文题目，而不是追求自己发自内心热爱的研究方向。即使有霍金斯这种博士生，如果发现缺乏导师，往往也会知难而退，转向“更保险的”研究课题，发表几篇论文，顺利毕业。因此，很多学校的博士生获得学位的比例很高，但原始创新率很低。

霍金斯没有知难而退，而是在图书馆泡了两年，读了过去50年神经科学领域最重要的数百篇论文，以及心理学家、语言学家、数学家和哲学家对大脑和智能的看法。虽然没找到答案，但人类对这个问题的认知水平他已经了然于胸。霍金斯认为这就是一流教育，我完全同意，这才是每名博士研究生的必修课：不是导师告诉你做什么，而是求教于追寻这一问题的所有先贤，经过了这一关，你就已经和他们站到一起了。

霍金斯经过了这一关，清楚地知道几年的博士研究实现不了自己的梦想，于是决定从长计议。他返回工业界，并开启了掌上电脑的传奇，成立的 Palm 公司取得了巨大成功。如果他醉心商业，把掌上电脑的成功扩展到手机，苹果手机成功的历史可能会被他改写。但霍金斯志不在此，他心心念念的还是大脑。2002 年，他用创业积累的资金成立了红木神经科学研究所（Redwood Neuroscience Institute），专注新皮质理论研究，聘任了 10 位全职科学家，吸引了 100 多名访问学者。

但是，顶级神经科学家都知道大脑是个巨大的神秘丛林，他们更愿意聚焦于力所能及的新发现，而不是霍金斯追求的大脑理论。因此，霍金斯决定把红木神经科学研究所捐给加州大学伯克利分校，并创立了研究公司 Numenta，自己带领团队专注于大脑理论研究。2010 年，他提出了一种皮质柱预测模型，开发了相应的开源软件 HTM，并应用于股票市场异常检测等领域。

我怀着对霍金斯传奇经历的仰慕，于 2016 年 1 月访问了 Numenta。访问之前，我的研究团队把 HTM 用于模糊运动目标的检测，验证了模型的独特价值。霍金斯很高兴地看了我的演示，我也顺道指出了他的《新机器智能》（*On Intelligence*）一书中的几处小错误，谈了我对大脑和智能之间关系的看法。也正是在那一年，霍金斯有了新发现，就是《千脑智能》（*A Thousand Brains*）中的“新皮质中的地图状参考系”。

这里就不剧透这个新发现了。如果成功的话，这个新发现对脑科学的意义，就像进化论对生命科学的意义一样重大。我期望这个新学说能够成功，至少作为大脑原理的一部分与世长存，让这位追逐梦想 40 余年的孤胆英雄稍感慰藉。

然而，作为一名痴迷大脑的同好，我的看法与霍金斯并不相同。我认为未来 20 年，更重要的任务是实现人类大脑的精细解析、建模和仿真，进而制造出媲美甚至超越人类大脑的超级大脑，之后才算正式踏上揭示大脑奥秘的征程。简言之，霍金斯主要是从功能模拟的角度探索大脑原理（虽然他比很多类脑专家更关心大脑的结构），是基于自顶向下的方法论，类似生命科学中的进化论；我强调的是从结构仿真出发构造大脑，再重现大脑功能，是基于自底向上的方法论，类似生命科学中的从基因组出发合成生命。自顶向下和自底向上论者从来都争执不休，但最终会走到一起，就像进化论和基因组结合才能揭示生命的奥秘一样。希望同样拥有梦想的你我和霍金斯一起努力，创造超级大脑，揭示大脑的奥秘，共同见证那个伟大的会师时刻。

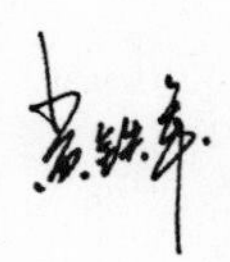

2016 年，黄铁军访问 Numenta 公司时与霍金斯的合影

推荐序二

从大脑中探索智能的起源

崔彧玮

神经科学博士，Numenta 公司前员工，汤恩科技创始人

2010 年春天，我在中国科学院上海神经科学研究所（以下简称“神经所”）从事本科毕业论文的相关研究。神经科学如同一盒庞大繁杂的拼图，从分子及细胞生物学、解剖学，到系统神经学、心理学、哲学，横跨了十余个艰深的学科。理解大脑如何工作固然是一件令人兴奋的事，但在实际的研究工作中，我却常常有以管窥豹、不见全局的苦恼。

在神经所图书馆的一角，我偶然看到了《新机器智能》这本书的英文版，这是我第一次看到对大脑理论的系统性阐述。如同许多革命性的科学理论框架一样，《新机器智能》提出了一个关键的科学假设：大

脑建立学习世界的模型并预测未来。这是一个简单、优雅，却富有指导意义的框架。这个框架并非像很多神经科学领域的学术论文一样追求数据支持和实验验证，而是在很大程度上基于缜密的逻辑推演和大胆假设，即使到今天依然有很多尚未得到证实的部分。

在霍金斯开始研究大脑是如何工作的时代，图书馆里并没有一本书系统地讲述大脑可能是如何工作的。而我很庆幸在开始接触神经科学的时候能读到这样的思想框架，这本书在很大程度上直接影响了我对研究方向和职业的选择，让我选择了计算神经科学作为博士阶段的研究方向，将设计和制造智能机器作为职业目标。我愿意将《新机器智能》这本书推荐给任何一个想要探索大脑是如何工作、想要了解智能的本源是什么的人，或许它不仅会改变你对智能的看法，还会对你的人生和事业产生意想不到的影响。

2014 年 5 月，在我博士学业的最后一年，我有幸加入霍金斯的 Numenta 公司，零距离目睹并参与了“千脑智能理论”的诞生。2014 年是人工智能开始快速发展的一年，由于深度学习算法的进展和硬件算力的提升，这门学科在短时间内吸引了大量的关注，在图像识别、语音识别、自然语言处理等领域得到了大量的应用，标志性的学术论文被数万人引用，无数的人工智能创业公司如雨后春笋般成立。在同一年，神经科学领域还有另一个标志性的事件。2014 年诺贝尔生理学或医学奖授予了位置细胞的发现者约翰·奥基夫（John O'Keefe），以及网格细胞的发现者爱德华·莫泽（Edvard Moser）、梅-布里特·莫泽（May-Britt Moser）。这件事虽然在社会上的受关注程度远不如深度学习，但对《千脑智能》这本书中大脑是如何为世界建立参考系的部分产生了重要的启发。

霍金斯有一种穿越周期的非同寻常的洞察力，既能让 Numenta 的研究方向不轻易受外界的热点干扰，又能敏锐地捕捉到神经科学领域的关键实验结果，将其用于搭建机器智能的理论框架。这样的例子在《千脑智能》这本书里还有很多。在 Numenta 工作的几年间，也是我第一次感受到神经科学领域一个个有趣却零散的实验发现，例如树突脉冲、迷你皮质柱等很多高度专业化，并不为很多人所知的神经科学概念，是可以被纳入一个系统性的智能理论框架中的。千脑智能理论是一个还在不断生长和发展的智能理论，我相信未来它会包容和解释更多的实验结果，同时为智能机器的研究提供新的思路和方法。

智能的起源

理查德・道金斯（Richard Dawkins）
进化生物学家

别在睡前读这本书，否则你会失眠。并非因为它是恐怖小说，读了会让你做噩梦，而是因为其中的思想实在是令人振奋，读后会让你的大脑充满各种兴奋、激动的想法，久久不能平息。你甚至会想立刻与人分享，而不是躺下睡觉。给这本书作序的我，就是这样一个“受害者”。如果你接着往下阅读，就知道我为什么这么说了。

在科学家这个群体中，达尔文的与众不同之处在于，他既不在高校工作，也没有接受政府的任何研究资助。杰夫・霍金斯的情况与之类似，尽管他可能并不喜欢别人把他视作硅谷的一位科学家。达尔文的进化论思想对与其同时代的人来说太具有颠覆性，以至于用一篇简短的论文根本无法将其革命性的意义阐释清楚，这也导致达尔文和阿尔弗雷德·拉塞尔·华莱士（Alfred Russel Wallace）于1858年合作发表的论文没有得到人们的任何关注。正如达尔文本人所说，他需要写一本书才能阐释清楚这个想法。果然，一年后，他的伟大著作《物种起源》撼动了整个维多利亚时代[①]的根基。霍金斯的“千脑智能理论”（Thousand Brains Theory）也同样需要一本书才能阐释清楚，特别是他的核心概念——思考行为本身就是一种运动，这也是理解这个理论的关键。没错，无论是进化论，还是千脑智能理论，都过于深刻，必须用一本书才能将其阐释清楚，但这还不是全部。

托马斯·亨利·赫胥黎在看完《物种起源》后曾说：“我真是太愚蠢了，我怎么没想到这些！”我觉得脑科学家们合上本书后，倒不一定会说出相同的话，因为达尔文的《物种起源》只阐述了一个宏大的想法，而这本书却包含了许多振奋人心的小想法。我猜不仅是赫胥黎，就连他的三个优秀的孙子也会喜欢这本书。英国生理学家与生物物理学家安德鲁·赫胥黎（Andrew Huxley）发现了神经脉冲运动的方式他与英国生理学家与生物物理学家艾伦·霍奇金（Alan Hodgkin）之于神经系统，就像世界著名分子生物科学家、遗传学家詹姆斯·D. 沃森（James D. Watson）[②]和弗朗西斯·克里克之于DNA。英国作家阿道司·赫胥

① 维多利亚时代，通常指1837年至1901年，即维多利亚女王在位时期。维多利亚时代后期是英国工业革命的峰端，与爱德华时代一同被认为是大英帝国的黄金时代。——译者注

② 诺贝尔奖得主沃森与克里克一同发现了DNA双螺旋结构，沃森的著作《双螺旋》全景讲述了DNA双螺旋结构发现的历程，有着好莱坞式的戏剧张力。该书的中文简体字版已由湛庐引进，由浙江人民出版社于2017年出版，2022年由浙江教育出版社再版。——编者注

黎（Aldous Huxley）则是因为他对诗意的文学创作充满想象。英国生物学家朱利安·赫胥黎（Julian Huxley）则写了一首诗，颂扬大脑构建了一个现实模型（一个缩小版的宇宙）：

世间万物，涌入婴儿的大脑
填充那水晶般的格子
在格壁之间，陌生事物发生碰撞
将万物转为各种各样的想法
骤然，肉体中诞生了一种精神
你和现实，相互作用
在其中构建出你的小小宇宙——
小小的宇宙，却给自己设置了巨大的任务
逝去的人住在那里，与星星对话
赤道和极点交谈，白天与黑夜诉说
精神溶解了世界的物理限制——
数不尽的隔离在此燃烧殆尽
于是宇宙也可以生长、工作和规划
最终在人的大脑中，造出一个上帝

大脑处于黑暗中，只能通过安德鲁描绘的神经脉冲来理解外部世界。来自眼睛的神经脉冲与来自耳朵或大脚趾的神经脉冲并没有什么不同。能区分这些神经脉冲的，是它们位于大脑中的具体位置。霍金斯并不是第一个提出如下观点的科学家或哲学家：我们所感知的现实不过是大脑构建的现实模型，它通过接收来自感官的刺激而不断更新。但我认为，霍金斯是第一个有力论证这一观点的人：这样的模型不止一个，而是有成千上万个；在每一个堆放整齐、构成大脑新皮质的皮质柱中都有一个模型。这些皮质柱大约有 15 万个，它们以及霍金斯所说的“参考系”（frames of reference）构成了本书第一部分的主体。霍金斯撰写的关于这两个方面的观点都颇具争议，我很期待看到其他脑科学家对这些观点作何反应，我猜应该也很受欢迎。霍金斯的观点中非常吸引人的一点是，大脑皮质柱在为现实世界建模的活动中是半自主地工作的，“我们”所感知到的事物是它们之间的一种“民主共识”（democratic consensus）。

大脑中的民主？共识，甚至争斗？这个想法太棒了！这就是本书的核心思想。人类这种哺乳动物便是这种反复争斗的结果：古老爬行动物的旧脑（无意识地运行着生存机器）与哺乳动物的新脑（新皮质）之间的争斗。哺乳动物的新脑负责思考，它也是意识所在。它能意识到过去、现在和未来，也能向旧脑发送执行指令。

旧脑，受到自然选择数百万年的训练（那时糖还是人类赖以生存的稀缺品），说道：“蛋糕，我想要蛋糕！”而新脑则出现在糖已经十分丰富的时代，仅仅经过各类书籍和医生几十年的培训，说道：“不，不，千万不要吃蛋糕！”旧脑说：“痛，痛，可怕的疼痛，赶快停止疼痛吧。”新脑却说：“不，不，你要承受住这种折磨。别因投降而出卖了你的祖国。你要忠于国家和战友，为此不惜牺牲生命。”

爬行动物的旧脑和哺乳动物的新脑之间的冲突引出了“为什么疼痛会如此痛苦？”这类谜题的答案。痛苦究竟是为了什么？痛苦是死亡的代名词。它是对大脑的一个警示：“别再这样做了。别玩蛇，别碰热灰，别从高处往下跳。这次你只是感到疼痛，下次可能就会丧命了。”但是有工程师可能会设计出这样一套机制：只要在类似的场景中设置一个警告标志，便可以起到同样的警示作用。当警告标志出现，你就停止重复做的所有事情。但我们的大脑并没有按照“无痛”警示这套机制运作，我们通常还是会感受到痛苦，难以忍受的痛苦。这到底是怎么回事？

答案可能在于大脑决策过程的本质是争斗，即旧脑和新脑之间的争斗。新脑可以很容易否决旧脑的决定，因而“无痛”警示这套机制行不通，继续忍受痛苦也同样行不通。

如果新脑出于某种原因，“想要那么做”的话，它可以随时忽略我设想的“无痛”警告标志，并忍受任意次数的蜜蜂叮咬、脚踝扭伤或酷刑。而旧脑，虽然确实重视存活下去、传递基因，但也只能徒劳地“抗议”。也许是自然选择为了让生物生存下去，通过让新脑体验难以“否决”的无法忍受的痛苦，从而确保旧脑的“胜利”。我们可以猜想，如果旧脑“意识到”戴避孕套的行为是对达尔文提出的“性行为目的”的背叛，或许戴避孕套也会给旧脑带来难以忍受的痛苦。

霍金斯与许多博闻强识的科学家和哲学家一样，不接受二元论：机器没有魂魄，人脑也只是硬件，没有什么独立的灵魂能够在硬件坏了之后幸存，也同样没有笛卡尔剧场[①]中的彩色屏幕，向观看的个体放映世界这部电影。相反，霍金斯提出了多种世界模型，即构建的“缩小版的宇宙”，这些世界模型会根据感官涌入的神经脉冲信息流进行调整。顺

① 哲学家、认知科学家丹尼尔·丹尼特在《意识的解释》中提出“笛卡尔剧场”这个概念。这个剧场里放映的是我们直接感知到的现实，我们从中推断出物理世界和我们身体的存在。丹尼尔·丹尼特的著作《直觉泵和其他思考工具》《丹尼尔·丹尼特讲心智》已由湛庐引进，前者由浙江教育出版社于 2018 年出版，后者由天津科学技术出版社于 2021 年出版。——编者注

便说一句，霍金斯并不排除未来通过将你的大脑上传到计算机上来逃避死亡的可能性，但他认为这并不是最有趣的。

另一个更重要的大脑模型是关于身体本身的模型，它需要回答这样一个问题：身体自身的运动如何改变我们对于身体之外的这个世界的认知。这也和本书第二部分的主题“机器智能的未来”相关。霍金斯和我一样，非常尊重那些聪明人士，这些人中有些是我们的朋友。他们非常担心超级智能机器会取代、征服甚至是终结人类。但霍金斯并不担心这些，部分原因可能是精通国际象棋和围棋的智能机器人还无法应对真实世界的复杂性，而不会下围棋的小孩却“懂得液体如何溢出，球如何滚动，狗怎么吠叫。他们知道怎么使用铅笔、记号笔、纸张及胶水，也知道怎么打开书，以及怎样撕开纸”。他们有一个自我图式，一个身体图式，这些图式将他们置于现实世界中，使他们毫不费力地在这个世界中自由行走。

这并不是说霍金斯低估了人工智能和未来机器人的能力，事实正好相反。他认为当下最前沿的研究方向是错的。他认为正确的方式是理解大脑的工作方式，并从中获得可借鉴的经验，从而加速人工智能的发展。

而且我们也没有理由（也请不要）借用旧脑的方式，它的欲望和饥饿、渴望和愤怒、感情和恐惧，都会驱使我们沿着被新脑视为有害的道路前进。至少霍金斯和我都认为这是有害的，或许你也会这么认为。霍金斯非常清楚，人类具有开放的认知理念，这和我们原始的“自私”基因完全不同，后者的目的只是不惜一切代价繁衍。在他看来，如果没有旧脑，人工智能就不会对人类怀有恶意。我觉得这一观点可能会引起争议。同样会引起争议的是，他认为关闭一个具有意识的人工智能并不是谋杀：没有旧脑，它怎么会感觉到恐惧或悲伤呢？它又为什么想要生存下去呢？

在第 16 章中，霍金斯告诉我们旧脑（为自私的基因服务）和新脑（为知识服务）之间的巨大差异。人类大脑新皮质的光环，在所有地质时期存在过的动物中都是独一无二、也前所未有的，大脑新皮质可以违反自私基因的命令。我们可以享受性爱而无须生育；我们可以献身哲学、数学、文学、天体物理学、音乐、地质学或人类爱的温暖，而蔑视旧脑的基因主张，即认为上述行为都是在浪费时间，人类“应该”花时间击败竞争对手和追求更多的性伴侣。“在我看来，我们需要做一个意义重大的选择，这个选择就是我们更偏爱旧脑还是更偏爱新脑。更具体地说，我们是希望人类的未来由自然选择、竞争和自私基因来决定，还是由智能和它想要理解这个世界的愿望来决定？”

我在开头部分引用了托马斯·亨利·赫胥黎在看完达尔文的《物种起源》后的评论，我想引用霍金斯众多奇妙想法中的一个来结束。虽然他在书中仅用了几页的篇幅表述这个想法，却使我产生了和赫胥黎类似的共鸣。霍金斯认为有必要在宇宙中的某处立下一块墓碑，让整个银河系知道我们曾经存在过，并能宣布这样一个事实：所有文明都是短暂的。从宇宙时间的尺度来看，一种文明从发明电磁通信到其消亡的时间间隔，宛如萤火虫一闪而过般短暂。在宇宙中，任何一个闪光与另一个闪光重合的概率都非常小。那么，我们需要的信息不是“我们在这里”，而是“我们曾经在这里”，这也是我称之为“墓碑”的原因。墓碑的存在必须是宇宙尺度的：不仅能在无数秒差距之外可见，而且应当持续至少数百万年甚至数十亿年，只有这样，在我们消亡许久之后，这些信息也能够被其他智能生物捕获。向广袤的宇宙广播质数或π的位数不会切断这些信息，发射无线电波或脉冲光束也不会。这些信息当然也可以宣扬智能生物的存在，这也是搜寻地外文明计划（Search for Extraterrestrial Intelligence，SETI）和科幻小说惯用的方法。但这些信息都太简单了，也只限于当下。那么，什么信号能够持续足够长的时间，并且无论从什么方向，无论距离多远，都能被探测到呢？这就是霍金斯使我与托马斯·亨利·赫胥黎产生共鸣的地方。

这超出了我们如今能理解的范畴，但在未来，在我们的萤火虫般的闪光耗尽之前，我们可以将一系列卫星送入环绕太阳的轨道，“这些卫星以一种并非自然出现的模式遮挡一点太阳光线。在我们离开很久之后，这些绕太阳运行、遮挡其光线的物体将继续绕太阳运行数百万年，这些信号可以在很远的地方被探测到”。即使这些卫星的间距不是一系列质数，其表达的信息也明确无误：智能生物曾经来过。

让我非常开心的是，以脉冲信号（或者霍金斯所理解的反脉冲信号，因为卫星使太阳变暗）的间隔模式进行编码形成宇宙信息，这种方式与神经元的编码机制完全相同。这也是我写下此序来来感谢霍金斯的这本书的原因。

这是一本关于大脑如何工作的书，其中的思想会令大脑振奋不已。

中文版序

人工智能与大脑

杰夫·霍金斯

我写了两本关于人工智能和大脑的书，分别是《新机器智能》和《千脑智能》。《新机器智能》被译成了十几种语言，《千脑智能》目前正在被译成第 16 种语言，很快就会陆续问世。湛庐同时出版这两本书的中文版，并邀请我为这两本书写一篇序言。

这两本书都基于相同的基本前提：要创造真正智能的机器，我们首先需要对大脑进行逆向工程。我认为，我们需要研究大脑，不仅是为了了解它是如何工作的，也是为了了解什么是智能。人类的大脑是我们拥有的关于智能最好的例子，但今天的人工智能在很多方面还远不如人类智能。因此，我写这两本书的原因之一是，解释为什么如今的人工智能并不智能，以及为什么实现机器智能的最快途径是理解大脑的工作原理，然后在计算机中模仿这些原理。

那么这两本书有什么不同呢？

第一本书《新机器智能》指出了大脑理论应该是什么样的。这本书提出的关键科学观点是，大脑学习世界的一个模型，并使用这个模型来预测未来。我们使用这个内部模型来了解我们在哪里、在做什么，并用它解决问题。我认为，要想变得智能，人工智能系统还必须学习世界的模型。如今的深度学习没有任何类似这种模型的东西，这就是它脆弱、僵化、无法解决新问题的原因。

在写《新机器智能》之后的几年里，我们有了几个重要的发现，这些发现揭示了大脑如何学习预测模型的细节。我的公司 Numenta 正在开发基于这些原理工作的人工智能系统的技术。我的新书《千脑智能》就是在阐释这些新发现，并揭示这些发现将对人工智能产生的影响。

《千脑智能》中的关键科学思想是：

- 我们通过运动来学习。当我们运动时，大脑会跟踪我们的感官相对于身体以及相对于正在感知的事物的位置。大脑将感觉输入与其位置相结合，以学习人、地点和事物的三维模型。令人惊讶的是，大脑使用相同的机制来学习概念和抽象概念。

- 我们有很多“模型”。大脑不会只学习一种世界模型，它会学习许多我们所知道的一切的互补模型。这就解释了我们的个人经历和大脑结构，以及我们如何构建强大的人工智能系统。

- 我们利用参考系存储知识。大脑中的许多神经元都会创建参考系，以跟踪我们的感官相对于世界上事物的位置。我在书中解释了为什么这些位置跟踪神经元会出现在大脑中的几乎每个区域。参考系是创造智能机器所需的关键组件之一。

《千脑智能》这本书描述了这些发现将如何改变人工智能的未来，以及未来人工智能将如何改变人类。

在阅读《千脑智能》之前，你并不需要先阅读《新机器智能》。因为这本新书是独树一帜的。然而，《新机器智能》的内容仍然是与大脑相关的，它提出了《千脑智能》中解决的问题。这两本书一起展示了我们所面临的挑战和目前所取得的进展。对科学研究的历史感兴趣的读者可能会发现这两本书是一个有趣的案例研究。此外，想要更深入地理解《千脑智能》中提出的理论的读者，也会在《新机器智能》一书中有所获益。

当我写《新机器智能》的时候，预测模型的重要性虽然不是闻所未闻，但并不是当时的主流观点。许多读者告诉我，这个理论是一种启示，改变了他们对自己、对智能、对人工智能的看法。如今，预测模型在人工智能研究人员中已是众所周知。尽管目前很少有人工智能系统遵循这些原则，但越来越多的研究人员相信，预测模型在未来将至关重要。基于这些原因，我认为《新机器智能》中的论点仍然有意义。

我在一年多前完成了《千脑智能》一书的写作，所以现在判断它的长期影响还为时过早。书中的预言之一是，在大脑最大的部分、与感知和智能最相关的新皮质中，可以找到创建参考系的神经元，即网格细胞。这个预测与大多数关于大脑的理论背道而驰，因此这是对我们理论的一个很好的测试。我可以很高兴地在这里说，目前已经有越来越多的证据支持这一猜想。书中的其他许多预测还有待实验验证。

那么，这两本书的总体前提是什么呢？那就是人工智能将从目前的深度学习过渡到模仿大脑的原理，比如通过运动来学习和使用参考系来编码知识。这一切还没有发生，但我对此非常有信心。

事实上，许多顶尖的人工智能研究人员已经得出结论，深度学习有着根本的局限性，需要某种东西来取代它。《新机器智能》指出，大脑理论将向我们展示如何制造令人惊叹的智能机器，而《千脑智能》则解释了如何做到这一点以及它对人工智能和人类的影响。

目 录

第一部分

千脑智能理论——对大脑的全新理解

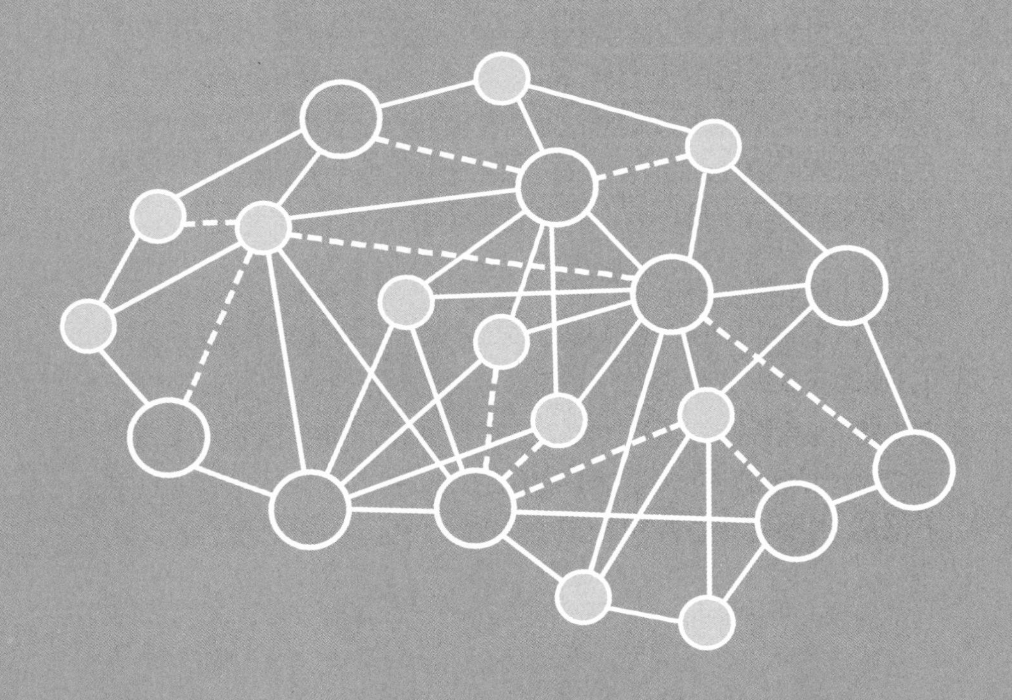

A THOUSAND BRAINS

第一部分　千脑智能理论——对大脑的全新理解

你大脑中的细胞正在阅读这些文字。想想都很神奇，细胞很简单，单个细胞不能阅读，也不能思考，很多事情都不能做。然而，如果我们把足够多的细胞放在一起组成一个大脑，它就不仅能看书，还能写书。这些组成大脑的细胞能设计建筑、发明技术、破译宇宙的奥秘。一个由简单细胞组成的大脑是如何创造智能的？这是一个非常有趣的问题，并且依然是个未解之谜。

人们认为，了解大脑的工作原理是人类面临的重大挑战之一。这一探索已经催生了数十项国家和国际倡议，如欧洲的“人脑计划”（Human Brain Project）和“国际脑计划”（International Brain Initiative）。实际上，世界各国数以万计的神经科学家在几十个专业领域开展的研究，都在试图了解大脑。虽然神经科学家对不同动物的大脑进行了研究并提出了不同的问题，但神经科学的最终目标是了解人脑是如何产生人类智能的。

你可能会对我的说法感到惊讶：人类的大脑仍然是个谜吗？人们每年都会公布与大脑有关的新发现，出版与大脑有关的新书籍，人工智能等相关领域的研究人员也声称他们创造的人工智能正在接近老鼠或猫的智能。由此很容易得出结论，科学家已经充分了解了大脑的工作原理。但如果你去问神经科学家，几乎所有人都会承认，人类对大脑的探索仍然处于黑暗之中。我们虽然已经掌握了大量关于大脑的知识和事实，但我们对大脑的工作原理了解甚少。

1979 年，因研究 DNA 而闻名的弗朗西斯·克里克写了一篇关于脑科学现状的文章《思考大脑》。他描述了科学家收集到的关于大脑的大量事实，然而他总结道："尽管有关大脑的细节知识在不断积累，但大脑究竟是如何工作的仍然相当神秘。"他接着说："脑科学研究明显缺乏的是一个可以解释这些研究结果的普适的思想框架。"

克里克注意到，科学家几十年来一直在收集关于大脑的数据，他们知道大量的事实，但没有人弄清楚如何将这些事实组合成有意义的东西。大脑就像一张巨大的拼图，有成千上万的碎片。这些碎片就在我们面前，但我们无法理解它们。没有人知道解决方案应该是什么样子的。克里克认为，大脑是个谜，不是因为我们没有收集到足够的数据，而是因为我们不知道如何排列已经拥有的这些"碎片"。在克里克写下这篇文章后的 40 多年里，大脑研究领域有了许多重要的发现，其中有几项我将在后面讲到，但总的来说，克里克的观点仍然是正确的。智能是如何从你大脑中的细胞里产生的，仍然是一个难解之谜。尽管每年都有越来越多的解谜碎片被收集起来，我们有时却感觉自己离了解大脑越来越远了，而不是越来越近了。

我在年轻时读到克里克的文章，受到了很大的鼓舞。我觉得我们可以在有生之年揭开大脑的奥秘，从那时起，我就一直在想方设法实现这个目标。在过去的十几年里，我在硅谷领导了一个研究小组，研究大脑的其中一个部分，即新皮质。新皮质约占大脑体积的70%，它负责与智能有关的一切，从视觉、触觉和听觉，到各种形式的语言，再到数学和哲学等抽象思维。研究的目的是充分了解新皮质的工作原理，以便我们能够解释大脑的生物学特征，并创造基于相同工作原理的智能机器。

2016年年初，我们的研究有了显著变化：我们对大脑的理解有了突破性进展。我们意识到，我们和其他科学家都忽略了一个关键要素。有了这个新的见解，我们明白了拼图的各个部分是如何组合在一起的。换句话说，我相信我们发现了克里克在文章中提到的思想框架，这个框架不仅解释了新皮质工作的基本原理，而且提供了一种思考智能的新方法。我们还没有形成一套完整的大脑理论，还有很长的路要走。科学领域通常是从一个理论框架开始，后来才会有针对细节的研究。也许最著名的例子便是达尔文的进化论。达尔文提出了一个关于物种起源的新思维方式，但其中的细节，如基因和DNA如何发挥作用，直到许多年后才为人所知。

为了变得智能，大脑必须学习关于这个世界的许多东西。我指的不仅是我们在学校学习的东西，还包括基本的东西，比如日常物品的外观、声音和触感。我们必须了解物品的表现方式，从门如何打开和关闭，到我们触摸智能手机的屏幕时那些应用程序会做出什么反应。我们需要知道世界上所有东西的位置，从你把钱放在家里的哪个角落，到图书馆和邮局在镇上的哪个位置。当然，我们还要学习更高层次的概念，如“同情”和“政府”这两个概念的含义。除此以外，我们还学习了数以万计的词汇的含义。我们都拥有大量关于这个世界的知识。我们所拥有的一些基本技能是由基因决定的，如吃饭或对疼痛的本能反应，但我们对这个世界的大部分认知都是后天习得的。

科学家认为，大脑学习的是世界的模型。“模型”这个词意味着我们了解的所有知识不是以一堆事实的形式储存起来的，而是以一种能够体现世界和它所包含的一切这种结构组织起来的。例如，要知道什么是自行车，我们并不会记住关于自行车的一系列事实。相反，我们的大脑创建了一个自行车模型，其中包括自行车不同的部分，这些部分是如何排列的，以及不同的部分是如何移动和配合工作的。为了认出某样东西，我们需要了解它的外观和触感；为了实现目标，我们需要了解世界上的事物在与我们互动时的典型表现。智能与大脑中的世界模型密切相关，因此，要了解大脑如何创造智能，我们必须弄清楚由简单细胞组成的大脑是如何学习这个世界的模型和它所包含的一切事物的。

2016 年，我们的研究发现解释了大脑如何学习这个模型。我们推断，大脑新皮质以一种叫作“参考系”的方式储存了我们所知道的一切知识。我稍后会更全面地阐释这一点，但现在，我用一张地图来做类比。一张地图便是一种模型：一个城镇的地图是这个城镇的模型，而网格线（如经纬线）便是一种参考系，它提供了地图的结构。参考系告诉你事物之间的相对位置，以及如何实现目标，比如如何从一个地点到达另一个地点。我们发现，大脑中的世界模型也是基于地图般的参考系建立的，不是一个参考系，而是数十万个。事实上，我们现在了解到，大脑新皮质中的大多数细胞都致力于创建和操控参考系，大脑利用这些参考系部署计划，进行思考。

有了这种新的见解，神经科学领域的一些重大问题的答案便开始进入人们的视野。这些问题包括：我们的各种感觉信息是如何被整合进单一经验中的？当我们思考时大脑发生了什么？两个人为什么会根据相同的观察数据得出不同的观点？为什么我们有自我意识？

这本书讲述了这些发现及其对人类未来的影响。大多数相关的研究论文已经在科学期刊上发表。我在本书的“推荐阅读”中提供了这些论文的出处。然而，科学论文并不适合阐释宏大的理论，尤其是以非专业人士能够理解的方式。

我把这本书分为三个部分。在第一部分中，我描述了参考系理论，我们称之为“千脑智能理论”。该理论部分基于逻辑推理，因此我将带你了解我们通过哪些步骤得出了结论。我还会为你提供一些历史背景知识，以帮助你了解该理论和此前与大脑有关的研究之间的关系。读完第一部分，我希望你能理解在思考和行动时，你的大脑中发生了什么，以及智能意味着什么。

本书的第二部分是关于机器智能的内容。智能机器将改变 21 世纪，就像计算机改变了 20 世纪一样。千脑智能理论解释了为什么现在的人工智能还不智能，以及我们需要做什么来制造真正的智能机器。我描述了未来的智能机器将是什么样子，以及我们将如何使用它们。我解释了为什么有些机器将会具有意识，如果这些机器真的具有意识了，我们应该怎么做。许多人会担心，智能机器的存在是一种风险，我们即将创造一种会毁灭人类的技术。我并不认同这种观点。我们的研究发现足以说明机器智能就其本身而言，是良性的。但是，作为一项强大的技术，其风险在于人类将如何运用它。

在本书的第三部分中，我从大脑和智能的角度来看待人类的状况。大脑中的世界模型包括自我模型。这揭示了一个奇特的真相：你和我每时每刻所感知到的，都是一个模拟的世界，而不是真实的世界。千脑智能理论所阐释的一个后果是，我们对世界的信念可能是错误的。我解释了这种情况是如何发生的，为什么错误的信念难以消除，以及错误的信念与我们更原始的情感结合在一起后，会对我们的长期生存构成哪些威胁。

我认为最后几章所讨论的内容，是我们作为一个物种将面临的最重要的选择。我们可以通过两种方式思考自己。第一种方式是从生物有机体的角度思考，因为人类是进化和自然选择的产物。从这个角度来看，人类是由基因决定的，而生命的目的就是复制它们。第二种方式是从智能物种的角度思考，因为我们现在正从纯粹的生物学的过去中脱离出来，已经成为一个智能物种。我们是地球上第一个知道宇宙的大小和年龄的物种；我们是第一个知道地球如何演化以及我们如何形成的物种；我们是第一个发明工具的物种，这些工具使我们能够探索宇宙并了解其奥秘。从这个角度来看，人类是由智能和知识而非基因决定的。当我们思考未来时，面临的选择是，我们应该继续受生物学意义上的过去所驱动，还是选择拥抱新出现的智能。

我们可能无法同时做到这两点。人类正在创造强大的技术，这些技术可以从根本上改变地球，操纵生物，并很快创造出比人类更聪明的机器。但人类仍然拥有使人类走到这一步的原始行为。这种组合是我们必须解决的真正存在的风险。如果我们愿意接受人类是由智能和知识而非基因决定的这一点，那么也许，我们可以创造一个更持久、具有更崇高的目标的未来。

千脑智能理论诞生的过程漫长而曲折。我在大学学习的是电子工程专业，在英特尔公司做第一份工作时，就读到了克里克的论文。这篇论文对我产生了非常深刻的影响，促使我决定转行，一生致力于研究大脑。我曾试图在英特尔公司谋得一个研究大脑的职位，但失败了。之后我申请成为麻省理工学院人工智能实验室的博士研究生，因为我认为制造智能机器最好的方法是先从研究大脑开始。在麻省理工学院的面试中，我提出的以大脑理论为基础创造智能机器的提议遭到拒绝。他们告诉我，大脑只是一个混乱的计算机，研究它没有任何意义。我很沮丧，但没有气馁。接下来，我被加州大学伯克利分校的神经科学博士研究生项目录取，于 1986 年 1 月开始了我的研究。

来到加州大学伯克利分校后，我向神经生物学研究生组的系主任弗兰克·韦伯林征求意见。他让我写一篇论文，描述我的博士论文研究课题。在这篇论文中，我论述说，我想研究有关新皮质的理论。我想通过研究新皮质如何进行预测来进一步探究这个问题。韦伯林教授让几位教员阅读了我的论文，他们给出了比较积极的反馈。韦伯林教授告诉我，我的雄心壮志令人钦佩，我的研究方法也合理，我想研究的问题也是科学中最重要的问题之一（我并没有看到这一点），但他不确定我当时如何能够实现这个梦想。作为神经科学专业的一名研究生，我必须开展教授已经在研究的工作，而在加州大学伯克利分校，或者任何其他地方，没有人在做与我想做的事情相近的工作。

人们会认为试图发展出一套完整的关于大脑功能的理论过于雄心勃勃，因此风险太大。如果一个学生在这方面做了 5 年的研究而没有取得进展，那他可能无法毕业。对教授来说，这样做也有同样的风险，他们可能无法获得终身职位。为研究提供资金的机构也认为这么做风险太大了。专注于理论的研究提案通常会遭到否决。

我本可以在一个实验型实验室工作，但参观了几个实验室后，我发现这并不适合我。我的大部分时间都将花在训练动物、制造实验设备和收集数据上。我发现的任何理论都将局限于该实验室研究的大脑部分。

在接下来的2年时间里，我每天都在大学的图书馆里阅读一篇又一篇的神经科学论文。我读了几百篇，包括过去50年里发表的所有重要论文。我还读了心理学家、语言学家、数学家和哲学家对大脑和智能的看法。我接受了一流的教育，尽管是非常规的教育。经过2年的自学，我决定做出改变，我想到了一个新的计划：我要再次返回工业界，工作4年时间，然后再重新考虑学术界的机会。于是，我又回到了硅谷，投身到个人计算机方面的工作。

作为一个企业家，我开始小有成就。1988年至1992年，我创造了平板电脑GridPad，它属于第一批平板电脑。1992年，我成立了Palm公司，之后在长达10年的时间内，我设计了一些最早的掌上电脑和智能手机，如PalmPilot和Treo。在我公司工作的每个人都知道，我依然心系神经科学，我认为我在移动计算方面的工作只是暂时的。设计第一批掌上电脑和智能手机是一件令人兴奋的事。我知道数十亿人最终都会依赖这些设备，但我觉得了解大脑更为重要。我相信相比于计算机技术，大脑理论将对人类的未来产生更为积极的影响。因此，我需要回到大脑研究中去。

于是，我离开了我创立的公司。在一些神经科学家朋友，特别是加州大学伯克利分校的罗伯特·奈特（Robert Knight）、加州大学戴维斯分校的布鲁诺·奥斯豪森（Bruno Olshausen）和美国国家航空航天局艾姆斯研究中心（NASA Ames Research）的史蒂夫·佐内策（Steve Zornetzer）的帮助和推动下，我在 2002 年创立了红木神经科学研究所。红木神经科学研究所拥有 10 位全职科学家，他们都专注于新皮质理论研究。我们都对大脑的宏大理论研究感兴趣，而红木神经科学研究所是世界上唯一一个不仅接纳我们，而且对我们的研究工作心怀期待的地方。在我管理红木神经科学研究所的 3 年时间里，我们迎来了 100 多名访问学者，其中一些人在这里只待了几天或几周。我们每周都会有讲座，且对公众开放，这些讲座通常都会变成持续几个小时的讨论和辩论。

在红木神经科学研究所工作的所有人，包括我在内，都认为这很好。我认识了许多世界顶级的神经科学家，与他们共度了一段美好时光。我也因此掌握了神经科学多个领域的知识，而一般的学术职位很难提供这样的便利。问题是，我想知道一系列具体问题的答案，而我并没有看到研究团队在这些问题上达成共识。各个科学家都满足于做他们自己的事情。因此，在管理红木神经科学研究所 3 年后，我认为实现我的目标的最佳方式就是领导我自己的研究团队。

红木神经科学研究所在其他方面都做得很好，所以我们决定把它搬到加州大学伯克利分校。没错，这个当初不支持我研究大脑理论的地方，在 19 年后，认为成立一个大脑理论研究中心正是他们所需要的。红木神经科学研究所更名为红木理论神经科学中心（Redwood Center for Theoretical Neuroscience），现在依然在发展。

红木神经科学研究所搬到加州大学伯克利分校后，我和几个同事创立了 Numenta 公司，一家独立的研究公司。我们的主要目标是提出一套关于新皮质如何工作的理论，次要目标是将我们所学到的关于大脑的知识应用于机器学习和机器智能。Numenta 公司与大学里典型的研究实验室类似，但灵活性更大。它使我能够指导一个团队，确保我们都专注于同一任务，并根据需要经常尝试新的想法。

在我写这本书的时候，Numenta 已经有超过 15 年的历史了，然而在某些方面，Numenta 仍然像一个初创公司。试图弄清新皮质的工作方式是极具挑战性的。为了取得进展，我们不仅需要保证初创环境的灵活性和专注性，还需要倾注大量的耐心，这在初创企业中并不常见。2010 年，即公司创立 5 年后，我们取得了第一个重大发现：神经元如何进行预测。新皮质中的地图状参考系的发现发生在 2016 年。

2019 年，我们着手进行次级任务，将大脑原理应用于机器学习。那一年我开始写这本书，分享我们所学到的东西。

我发现，宇宙中唯一知道宇宙存在的东西竟是漂浮在我们脑海中重量不足 1.4 千克的细胞团，这实在太令人惊讶了。这让我想起了一个古老的疑问：如果一棵树在森林中倒下了，而并没有人听到它倒下的声音，那这棵树倒下时有没有发出声音呢？同样，我们可以提出疑问：如果宇宙的出现和消失，没有大脑知道，那么宇宙真的存在吗？谁知道呢？存在于你头骨中的几十亿个细胞不仅知道宇宙的存在，而且知道它是辽阔而古老的。这些细胞已经掌握了一个“世界模型”，据我们所知，这些知识在其他任何地方都不存在。我一生都在努力了解大脑是如何做到这一点的，我对我们所学到的东西感到兴奋，我希望你也会感到兴奋。让我们开始吧。

A THOUSAND BRAINS

第1章 新旧大脑的争斗

要了解大脑如何创造智能，我们首先需要了解一些基本知识。

在达尔文就进化论发表论文之后不久，生物学家意识到，人类的大脑本身已经随着时间的推移进化了，其进化史一目了然。与经常随着新物种的出现而消亡的物种不同，大脑的进化是在旧的部分上增加新的部分。例如，一些最古老和最简单的神经系统是沿着小蠕虫的背部运行的一组神经元。这些神经元是脊髓的前身，它们使蠕虫能够简单地运动，同样也负责人体的许多基本运动。接下来出现的是位于蠕虫身体一端的一组神经元，它们控制着消化和呼吸等功能。这组神经元是脑干的前身，它们同样控制着人类的消化和呼吸功能。脑干扩展了已经存在的部分，但并没有取而代之。随着时间的推移，大脑通过在旧部分的基础上进化出新的部分，逐渐具备了操纵越来越复杂的行为的能力。这种通过增加新的部分来实现增长的方法适用于大多数复杂动物的大脑。这就很容易看出旧脑部分为何依然存在了。

无论我们多么机智和精明，呼吸、饮食、性和反射反应仍然对我们的生存至关重要。

新皮质与旧脑

人类大脑最新的部分是新皮质，意思是“新的外层”。所有哺乳动物都有新皮质，而且只有哺乳动物才有新皮质。人脑的新皮质特别大，约占大脑体积的 70%。如果你能把新皮质从你的大脑中揭下并铺平，那么它约有一张桌布那么大，厚度则约是桌布的两倍（约 2.5 毫米）。它包裹着旧脑部分，所以当你看一个人的大脑时，你看到的大部分是新皮质（有其特有的褶皱），只有小部分是旧脑，脊髓则从底部延伸出来（见图 1-1）。

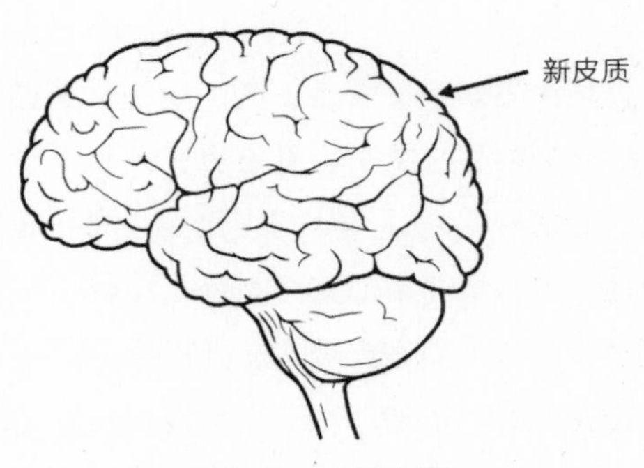

图 1-1　人类大脑

新皮质是智能的器官。几乎所有我们认为是智能的能力，如视觉、语言、音乐、数学、科学和工程，都是由新皮质创造的。当我们思考问题时，主要是新皮质在思考。你的新皮质正在阅读这本书，而我的新皮质正在写这本书。如果我们想了解智能，那么就必须了解新皮质做了什么以及是如何做的。

非哺乳动物不需要新皮质去应对复杂的生活。鳄鱼的大脑与人类大脑相当，但没有足够复杂的新皮质。鳄鱼也会表现出复杂的行为，如照顾它的孩子，并且知道如何巡视其周围环境。大多数人都会说鳄鱼具有某种程度的智能，但与人类所具有的智能仍相去甚远。

新皮质和旧脑通过神经纤维相连，因此，我们不能把它们看作完全孤立的器官。它们更像是室友，各自有不同的日程安排，个性也有差异，但需要合作才能完成所有事情。新皮质处于一个绝对不平等的地位，因为它不直接控制行为。与大脑的其他部分不同，新皮质中没有一个细胞直接与肌肉相连，所以它自身不能使任何肌肉动起来。当新皮质想做什么时，它会向旧脑发出一个信号，在某种意义上要求旧脑听从它的命令。例如，呼吸是脑干控制的功能，不需要大脑思考或来自新皮质的信息输入。新皮质可以暂时控制呼吸，比如当你有意识地决定屏住呼吸时，如果脑干检测到你的身体需要更多的氧气，它就会忽略新皮质的命令，重新控制身体。同样，新皮质可能会认为："不要吃这块蛋糕，这不健康。"但如果大脑中较老、较原始的部分说："这块蛋糕看起来不错，闻起来也很香，吃吧。"你就很难抗拒蛋糕的诱惑。这种新旧大脑之间的争斗是本书的一个基本主题。当我们讨论人类面临的生存风险时，对这个主题的探究就至关重要。

旧脑包含几十个独立的器官，每个器官都有特定的功能。从视觉上看，它们是彼此分离的，它们的形状、大小和连接反映了它们所发挥的作用，例如，杏仁核中有数个豌豆大小的器官。杏仁核是大脑中一个较老的部分，负责不同类型的攻击行为，如有预谋的攻击和冲动性攻击。

新皮质却完全不同。虽然它约占据了大脑体积的 70%，并负责无数的认知功能，但它看上去并没有明显的分界线。褶皱和皮褶是为了使新皮质嵌入头骨，与你看到的将桌布纸塞入大酒杯的情况类似。如果你忽略这些褶皱和皮褶，那么新皮质看起来就像一大片细胞，并没有明显的分界线。

尽管如此，新皮质仍被划分为几十个区域，这些区域被称作脑区，每个脑区执行不同的功能，有些负责视觉，有些负责听觉，有些负责触觉，还有一些负责语言和计划等。当新皮质受损时，出现的缺陷取决于受损的是新皮质的哪个部位。例如，后脑勺的损伤会导致失明，而左侧大脑的损伤可能会导致丧失语言能力。

新皮质的各个区域通过神经纤维束相互连接，这些神经纤维在新皮质下延伸，新皮质下的部位即所谓的大脑白质。通过仔细追踪这些神经纤维，科学家可以确定这些区域的数量以及它们是如何连接的。研究人类的大脑很困难，所以人类通过这种方式分析的第一个复杂哺乳动物是猕猴。1991 年，两位科学家丹尼尔·费勒曼（Daniel Felleman）和戴维·范·埃森（David Van Essen）将几十项独立研究的数据结合起来，绘制了著名的猕猴大脑新皮质图。图 1-2 是他们绘制的图片之一。人类的大脑新皮质图在细节上会有所不同，但在整体结构上与之相似。

这幅图中的几十个小矩形代表了新皮质的不同区域，线条代表了信息如何通过白质从一个区域流向另一个区域。

对这幅图的一个常见解释是，新皮质是有层次的，就像一张流程图。来自感官的输入从底部进入（在此图中，来自触觉的输入在左边，来自视觉的输入在右边）。输入会经过一系列步骤的处理，每个步骤都从输入中提取更多更复杂的特征。例如，从眼睛获得输入的第一个区域可能会检测到简单的图案，如线条或边缘。这一输入被传递到下一个区域，该区域可能会检测到更复杂的特征，如边角或形状。这个过程会一直持续到某一脑区检测到完整的物体。

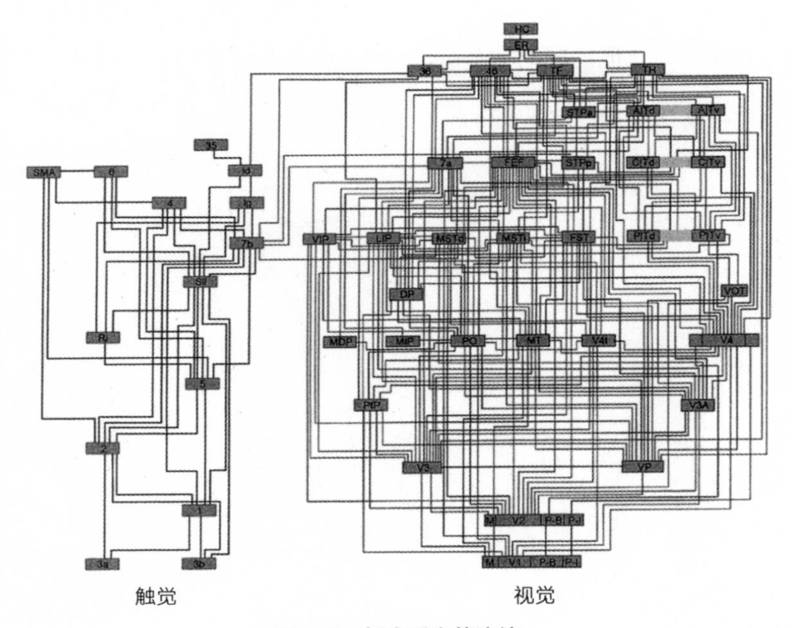

图 1-2　新皮质中的连接

有很多证据支持流程图这一解释。例如，当科学家观察层次结构底部区域的细胞时，他们发现这些细胞对简单的特征做出反应，而下一个区域的细胞则对更复杂的特征做出反应。而有时他们发现在更高级的区域的一些细胞会对完整的物体做出反应。然而，也有很多证据表明，新皮质并不像一个流程图。正如你在图中看到的，这些区域并不像流程图中的那样一个一个地排列起来。每个层次都有多个区域，而且大多数区域都与整个结构的多个层次相连。事实上，大部分区域之间的连接根本不适合这种分层方式。此外，每个区域中只有一些细胞表现得像特征检测器一样。科学家还不能确定每个区域中的大多数细胞在做什么。

这给我们留下了一个难题。作为智能的器官，新皮质被分成了几十个区域，这些区域做着不同的事情，但从表面上看又都一样。这些区域以一种复杂的方式连接在一起，有点儿像流程图，但大多不是。目前我们还不清楚为什么这个智能器官看起来是这样的。

接下来就是观察新皮质的内部，看看这 2.5 毫米厚的新皮质内部的详细回路。你可能会想，即使新皮质的不同区域表面上看起来一样，创造视觉、触觉和语言的详细神经回路从内部看起来或许是不同的吧。但事实并非如此。

第一个观察新皮质内部详细回路的人是西班牙神经学家拉蒙 - 卡哈尔（Santiago Ramón y Cajal）。19 世纪末，人们发现了染色技术，能够用显微镜看到大脑中的单个神经元。卡哈尔利用这些染色技术为大脑的各个部分绘制图片。他绘制了数以千计的图片，第一次在细胞层面上显示了大脑的样子。卡哈尔绘制的所有美丽而复杂的大脑图片都是手绘的。他最终因此获得了诺贝尔奖。图 1-3 是卡哈尔绘制的两幅新皮质图，左图只显示神经元中的细胞主体，右图还显示了细胞之间的连接。这些图片显示了 2.5 毫米厚的新皮质中的一片。

用于绘制这些图片的染色剂只给一小部分细胞着色。这是件好事，因为如果每个细胞都被染上了色，那么我们看到的将是一片黑色。请记住，神经元的实际数量要比你在图片中看到的多得多。

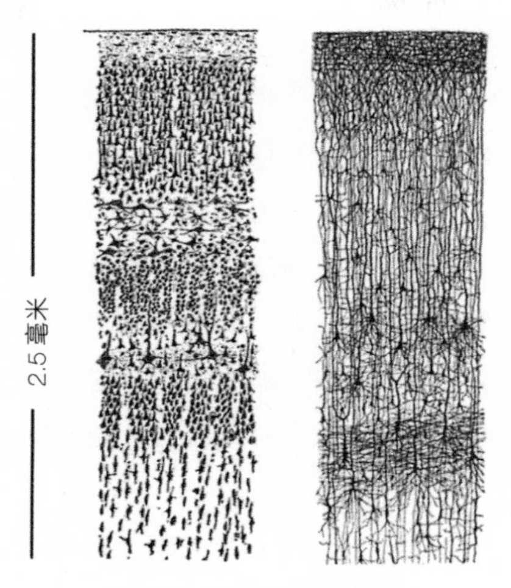

图 1-3　新皮质中的神经元

卡哈尔等人得到的第一个发现是，新皮质中的神经元似乎是分层排列的。这些层与新皮质的表层平行（图中是水平的），这是由神经元的大小和密集程度的差异造成的。想象一下，你有一个玻璃管，向其中倒入一些豌豆、扁豆和大豆。从侧面看这个管子，你会看到 3 层。你可以从上面的图片中看到层次。有多少层取决于谁在进行计数，以及他们用来区分层次的标准。卡哈尔看到了 6 层。一个简单的解释是，每一层神经元都在做着不同的事情。

现在我们知道，在新皮质中有几十种不同类型的神经元，而不是 6 种，但科学家仍然使用 6 层结构的理论。例如，一种类型的细胞可能出现在第 3 层，另一种则出现在第 5 层。第 1 层位于新皮质的最外层，最靠近头骨，位于卡哈尔所绘制图片的顶部。第 6 层最接近大脑的中心，离头骨最远。重要的是要记住，这些层只是粗略地说明在哪里可以找到特定类型的神经元。更重要的是神经元连接的是什么，以及它的工作方式。如果你根据神经元的连接性进行分类，会得到几十种类型。

从这些图片中得到的第二个发现是，神经元之间的连接大多是在各层之间垂直进行的。神经元拥有名为轴突和树突的树状附属物，这些附属物使神经元之间能够相互发送信息。卡哈尔发现，大多数轴突在层与层之间运行，垂直于新皮质的表层（图 1-3 中的上下两层）。有些层的神经元之间是长距离的水平连接，但大多数连接是垂直的。这意味着到达新皮质某个区域的信息在被送往其他区域之前，主要在各层之间上下移动。

关于新皮质的 3 个发现

自卡哈尔首次使大脑成像以来，数以百计的科学家研究了新皮质，从而尽可能多地探究其中的神经元和回路的细节。关于这一主题的科学论文有数千篇，远不是我能概括的。在此，我想重点阐述其中 3 个一般性的发现。

新皮质的局部回路很复杂

在 1 平方毫米的新皮质（体积约 2.5 立方毫米）中，大约有 10 万个神经元，5 亿个神经元之间的连接（称为突触），以及几千米长的轴突和树突。想象一下，沿着一条路铺设几千米长的电线，然后把它压成 2 立方毫米，大约是一粒米的大小。每平方毫米下都有几十种不同类型的神经元。每种类型的神经元都与其他类型的神经元进行连接。科学家通常将新皮质区的作用描述为执行一种简单的功能，如检测特征。然而，检测特征只需要少量的神经元。在新皮质中随处可见的精确且极其复杂的神经回路告诉我们，每个区域都在做着比特征检测复杂得多的事情。

所有新皮质看起来都很相似

新皮质的复杂回路在视觉区、语言区和触觉区中看起来非常相似。甚至老鼠、猫和人类等不同物种的新皮质的复杂回路看起来都很相似。但也有不同之处，例如新皮质中的一些区域有更多的某些细胞，而另一些细胞则较少，还有一些区域有一种其他区域没有的额外的细胞类型。据推测，无论新皮质的这些区域在做什么，都会从这些差异中受益。但总的来说，与相似性相比，各区域之间的差异性相对较小。

新皮质中的每个部分都产生运动

长期以来，人们认为信息是通过感觉区进入新皮质，在不同区域的层次结构中上上下下，最后到达运动区。运动区的细胞投射到脊髓中的神经元，使肌肉和肢体产生运动。现在，我们知道这种观点具有误导性。科学家在他们所检查的每一个区域，都发现了投射到旧脑中与运动有关的某些部分的细胞。例如，从眼睛获得信息的视觉区将信号投射到旧脑中负责移动眼睛的部分。同样，从耳朵获得信息的听觉区也能将信号投射到旧脑中负责移动头部的部分。移动头部会改变你听到的东西，类似于移动眼睛会改变你看到的东西。

现有的证据表明，在新皮质中随处可见的复杂回路执行着感觉－运动任务。没有纯粹的运动区，也没有纯粹的感觉区。

总之，新皮质是智能的器官。它是一张桌布大小的神经组织，分为几十个区域。有些区域负责视觉、听觉、触觉和语言，还有一些不容易被标签化的区域，负责更高层面的思考和计划。这些区域通过神经纤维束相互连接。区域之间的连接有些是分层次的，这表明信息像流程图一样从一个区域有序地流向另一个区域。但其他一些连接似乎没有什么秩序，这表明信息一下子就流遍了所有区域。无论它执行什么功能，在细节上都与其他区域相似。

我们将在第 2 章中介绍第一个真正理解这些研究发现的人。

现在是一个很好的时机，我可以就本书的写作风格说几句。本书是为那些对智能充满好奇心的非专业读者而写的。我的目标是向你传达你需要知道的一切，帮助你了解这一新理论，但我不会深入阐述。我猜想大多数读者之前对神经科学的了解并不多。不过，如果你具有神经科学方面的知识背景，就会知道我在哪里省略了一些细节并简化了复杂的主题。如果你属于这种情况，我希望你能理解。本书结尾有一个带注释的阅读清单，我在那里说明了在哪里可以找到更详细的内容，以供有兴趣的读者参考。

新皮质的智能算法

智能的多样性基于一种基本的算法

《正念之脑》（*The Mindful Brain*）是一本小书，只有 100 页。这本书于 1978 年出版，包含了两位杰出的科学家关于大脑的两篇文章。其中一篇是由约翰斯·霍普金斯大学的神经科学家弗农·芒卡斯尔（Vernon Mountcastle）所写，至今仍是脑科学领域最具代表性和最重要的专题文章之一。芒卡斯尔提出了一种关于大脑的优雅的思维方式，这种思维方式是许多著名理论的标志性特征，但也很令人惊讶，至今它还在使神经科学界出现两极化倾向。

我第一次读《正念之脑》是在 1982 年。芒卡斯尔的文章对我产生了直接且深刻的影响，正如你将看到的，他的观点深刻影响了我在本书中提出的理论。

芒卡斯尔的论述精确而博学，但也晦涩难懂。他写的那篇文章的标题并非朗朗上口：《大脑功能的组织原则：单元模块和分布式系统》（*An Organizing Principle for Cerebral Function: The Unit Module and the*

Distributed System）。文章开头的几句话很难理解，我在这里把它列出来，以便你能感受到他的文章风格。

> 毫无疑问，19 世纪中期，达尔文的进化论对神经系统的结构和功能的概念产生了重大影响。斯宾塞、杰克逊和谢灵顿，以及许多他们的追随者的思想都植根于进化论，即大脑在系统发育过程中是通过不断增加顶端部分来发展的。根据这一理论，每一次新的增加或扩大都伴随着更复杂的行为的发展，同时，对更靠近尾部和更原始的部分，以及它们所控制的更原始的行为施加一个规则。

芒卡斯尔在这开头的三句话中说的是，大脑在进化过程中通过在旧脑部分上增加新脑部分而变大。旧脑部分控制着更原始的行为，而新脑部分则创造出更复杂的行为。这一点听起来应该很熟悉了，因为我在第 1 章中已阐述了这个观点。

然而，芒卡斯尔接着说，虽然大脑的大部分都是通过在旧脑部分上增加新脑部分而变大的，但这并不是新皮质占据人类大脑体积约 70% 的原因。新皮质变大是通过对同一事物（一个基本回路）进行多次复制而实现的。想象一下，我们正在观看人类大脑进化的一个视频：大脑一开始是很小的，然后在大脑的一端出现了一块新的东西，接着另一块新的东西出现并叠加在了上面，这个过程不断持续下去。在几百万年前的某个时刻，出现了一个新的部分，我们现在称之为新皮质。新皮质开始时很小，但后来越变越大，不是通过产生任何新的部分，而是通过反复复制一个基本回路实现的。随着新皮质的不断进化，它的面积越变越大，但厚度却没有增加。芒卡斯尔认为，虽然人类大脑的新皮质比老鼠或狗的新皮质大得多，但其实它们都是由相同的元素组成的，人类大脑的新皮质只是包含更多的这一元素而已。

芒卡斯尔的文章让我想起了达尔文的《物种起源》一书。达尔文很担心他的进化论会引发一场骚动。因此，他在那本书中介绍了大量关于动物界变异的相对无趣的内容，直到最后才描述他的理论。即使如此，他也从未明确表明进化论适用于人类。读芒卡斯尔的文章时，我有一种类似的感觉，觉得芒卡斯尔也担心他的观点会遭到人们的口诛笔伐，所以在下笔时小心翼翼、深思熟虑。以下是芒卡斯尔文章中的第二段话：

> 简而言之，运动皮质不存在任何内在的运动，感觉皮质也不存在任何内在的感觉。因此，阐明新皮质中任何一个区域的局部模块回路的工作模式都具有重要的普遍意义。

在这两句话中，芒卡斯尔总结了他文章中提出的主要观点。他认为，新皮质的每一部分都是基于同一原则工作的。从视觉、触觉、语言到高级思维，所有我们认为是智能的东西，从根本上来说都是一样的。

回顾一下前面讲到的内容，新皮质被划分为几十个区域，每个区域执行不同的功能。如果你从外部观察新皮质，你是看不到这些区域的，各区域之间没有分界线，就像卫星图像不会显示国家之间的政治边界一样。如果你切开新皮质，就会看到一个复杂而详细的内部构造。然而，无论你切开的是新皮质的哪个区域，其构造细节看起来都差不多。一片负责视觉的皮质看起来就像一片负责触觉的皮质，而后者看起来就像一片负责语言的皮质。

芒卡斯尔指出，这些区域之所以看起来相似，是因为它们都在做着同样的事情。使这些区域有所区别的不是它们的内在功能，而是它们所连接的东西。如果你将一个皮质区与眼睛相连，就得到了视觉；如果你将同一皮质区与耳朵相连，就得到了听觉；如果你将两个不同的皮质区相连，你就得到了高级思维，如语言。然后芒卡斯尔指出，如果我们能发现新皮质所有部分的基本功能，就能理解整个新皮质的工作方式。

芒卡斯尔的想法与达尔文的进化论一样令人惊讶和深刻。达尔文提出了一种机制，或者说是一种算法，来解释生命不可思议的多样性。许多表面上看起来不同的动物和植物，许多类型的生物，实际上都是同一个基本进化算法的表现。相应地，芒卡斯尔提出，所有我们认为与智能有关的东西，表面上看起来是不同的，实际上都是同一个基本的皮质算法的表现。我希望你能理解芒卡斯尔的提议是多么出人意料和具有革命性。达尔文提出，生命的多样性是基于一种基本算法。芒卡斯尔提出，智能的多样性也是基于一种基本算法。

负责感知与智能的皮质柱

和许多具有历史性意义的事情一样，人们对于芒卡斯尔是不是第一个提出这一观点的人，存在一些争议。根据我个人的经验，每个观点多少都会借鉴一些先例。但据我所知，芒卡斯尔是第一个明确并细致地阐述通用皮质算法的人。

有意思的一点是，芒卡斯尔和达尔文的观点存在一个有趣的不同之处。达尔文知道算法是什么：进化以随机变异和自然选择为基础。但达尔文并不知道这个算法位于身体的什么位置，直到多年后，人类发现了

DNA。相比之下，芒卡斯尔不知道新皮质的算法是什么，也不知道智能的原理是什么，但他知道这种算法在大脑中的具体位置。

那么，关于皮质算法的位置，芒卡斯尔的观点是什么呢？他认为，新皮质的基本单位，即智能的单位，是“皮质柱”。通过观察新皮质的表面，可以发现一根皮质柱大约占据了 1 平方毫米。皮质柱沿着整个 2.5 毫米厚的新皮质向下延伸，其体积可以达到 2.5 立方毫米。根据这一定义，人类大脑的新皮质中大约有 15 万根皮质柱并排堆叠在一起。你可以把一根皮质柱想象成一小根细长的意大利面，那么人类大脑的新皮质就像 15 万根细长的意大利面，彼此垂直堆叠在一起。

皮质柱的宽度会因物种和脑区的不同而有所差异。例如，在小鼠和大鼠身上，每根胡须会有一根对应的皮质柱，这些皮质柱的直径约为 0.5 毫米。在猫身上，视觉皮质柱的直径约为 1 毫米。但我们尚未掌握足够多的数据，证实人脑中皮质柱的大小。为了简单起见，我暂且认为每根皮质柱大约占据 1 平方毫米，以及我们每个人的大脑中大约有 15 万根皮质柱。尽管实际数字很可能与此不同，但这并不影响我们接下来要讨论的主题。

皮质柱在显微镜下是不可见的。除了少数例外，每根皮质柱之间并没有明显的界限。科学家之所以知道这些界限的存在，是因为同一皮质柱中的所有细胞都会对视网膜的同一个部分或皮肤的同一片区域做出反应，而与之相邻的其他皮质柱则会对其他部分或区域做出反应。正是这组反应定义了一根皮质柱。这种现象在新皮质中随处可见。芒卡斯尔指出，每根皮质柱可以被进一步分成几百个“迷你皮质柱”。如果一根皮质柱是一根细长的意大利面，那么你可以把迷你皮质柱想象成更细的一缕，就像人的一根根头发，在一根意大利面大小的区域里并排堆叠。每个迷你皮质柱包含 100 多个横跨各层的神经元。与较大的皮质柱不同，迷你皮质柱在物理形态上是清晰可见的，通常可以用显微镜看到。

芒卡斯尔并不清楚皮质柱和迷你皮质柱的具体功能到底是什么。他只是指出，每根皮质柱都在做着同样的事情，而迷你皮质柱是其中一个重要的组成部分。

让我们来回顾一下。新皮质是一片神经组织，大约有一张桌布那么大。它被划分为几十个区域，每个区域分别做着不同的事情。每个区域又被分为成千上万根皮质柱。每根皮质柱由几百个发丝状的迷你皮质柱组成，每个迷你皮质柱由一百多个细胞组成。芒卡斯尔提出，在整个新皮质中，皮质柱和迷你皮质柱具有相同的功能：执行一套基本算法，负责感知和智能的各个方面。

芒卡斯尔关于通用算法的观点基于以下几点证据。第一，正如我已经提到的，在新皮质中随处可见的回路非常相似。如果我给你看两块回路设计几乎相同的硅芯片，我们就能基本确定这两块芯片具有几乎相同的功能。这也同样适用于新皮质中的回路。第二，相对于人类祖先而言，现代人的新皮质扩张在进化过程中发生得更快，只有短短几百万年的时间。这段时间可能不足以使事物进化出多种新的复杂能力，但足够进化出更多相同的副本。第三，新皮质各区域的功能并非一成不变。例如，在患有先天性失明的人群中，新皮质的视觉区并不能通过眼睛获得有用的信息，转而承担一些与听觉或触觉有关的角色。第四，新皮质具有极度灵活的功能。人类可以做的许多事情都不存在进化压力。例如，人类的大脑并没有进化出为计算机编程或制作冰激凌的功能，这两件事都是最近的创举。我们能做这些事情，说明大脑依靠的是一种通用的学习方法。对我来说，最后一个论点最具说服力。大脑能够学习几乎任何事情，这就要求它遵循一个普适的智能原理。

事实上，还有更多的证据可以支持芒卡斯尔的观点。尽管如此，他的想法在刚提出时还是引起了诸多争议，即使到今天争议仍然存在。可能的原因我认为有两个。一是芒卡斯尔并不知道皮质柱的功能。在大量旁证基础上，他提出了一个令人惊讶的观点，但并没有指出皮质柱如何能真正做到所有与智能相关的事情。二是他的观点对一些人来说是很不可信的。例如，你可能难以接受“视觉和语言在本质上是相同的”这一观点，毕竟两者感觉起来并不一样。鉴于上述不确定性，一些科学家指出，新皮质不同区域之间存在差异，以此否定芒卡斯尔的观点。虽然与相似之处相比，这些差异相对较小，但如果你仔细研究这些差异，就可以论证得出，新皮质的不同区域之间是存在差异的。

芒卡斯尔的观点在神经科学领域就像圣杯一样闪耀着。无论研究哪种动物或大脑的哪一部分，无论公开还是私下，几乎所有神经科学家都想了解大脑是如何工作的，而这便要求了解新皮质是如何工作的，这样一来，了解皮质柱的作用就成了重中之重。这就是说，无论我们是想了解大脑还是了解智能，归根结底是要弄清楚皮质柱的功能以及它是如何实现这一功能的。虽然皮质柱不是大脑的唯一奥秘，也不是与新皮质有关的唯一奥秘，但了解皮质柱是迄今为止破解大脑奥秘最重要的一环。

2005 年，我应邀在约翰斯 · 霍普金斯大学就我们的研究做了一次演讲。我讲述了我们探究大脑新皮质的经历，我们是如何处理这个问题的，以及我们取得的进展。做完这类演讲后，演讲者往往会与研究人员面对面交谈。我此行最后一个要见的人是芒卡斯尔和他的系主任。我很荣幸能够见到这位在我一生中为我提供了如此多见解和灵感的人，芒卡斯尔也听了我的演讲。交谈过程中，芒卡斯尔认为我应该到约翰斯·霍普金斯大学工作，他将为我安排一个职位。我没想到他会对我抛出橄榄枝，这对我来说不同寻常，但我的家人和事业都在加利福尼亚州，我不可能做出这样的决定。但当我回忆起 1986 年，研究新皮质的提议被加州大学伯克利分校拒绝这件事时，我又在想，如果当初我接受了他的提议，那又会怎样呢？

离开之前，我请芒卡斯尔在我那本烂熟于心的《正念之脑》上签名。离开时，我既感到开心，又有一丝伤感。开心是因为我遇到这样一位充分认可我的研究的人；伤感则是因为我可能很难再见到他了，即使我的研究成功了，可能我也无法与他分享我所学到的东西了，更无法得到他的帮助和反馈。怀着这种心情，我坐进了出租车，并下定决心一定要完成这份使命。

A THOUSAND BRAINS

大脑中的世界模型

大脑的作用对你来说可能是显而易见的。大脑通过感官获得信息输入，接着将这些输入进行处理，最后采取行动。动物如何对它所感受到的事物做出反应决定了大脑工作的成效。从感觉输入到采取行动的这种直接映射，只适用于大脑的某些区域。例如，手臂意外地触碰到一个烫的物体，便会迅速反射性缩回，负责这个输入－输出的回路位于脊髓中。但新皮质呢？我们能说新皮质的任务是接受来自感官的输入，然后立即采取行动吗？简单来说，不能。

读这本书时，除了翻动书页或触摸屏幕外，它并没有引起任何直接的行动。成千上万的文字流入你的新皮质中，在大多数情况下，你并没有受这些文字信息的影响而立即采取行动。也许将来你会因为读了这本书而有不同的行为，例如，某天你会与别人谈论关于大脑的理论或人类的未来，如果没有读这本书，你就不会有这种对话；也许你未来的某些想法和话语中的某些用词会受到我写的这些文字的微妙影响；也许你会基于大脑原理创造智能机器，而我的话会激发你朝这个方向前进……但现在，你只是在阅读。如果我们坚持把新皮质描述为一个输入－输出系统，那么最好的解释是，新皮质获得大量的输入，它从这些信息中学习，然后，在以后的某个时间点，也许是几小时后，也许是几年后，它会根据这些先前的输入采取不同的行动。

从我对大脑的工作方式感兴趣的那一刻起，我就意识到，把新皮质设想成一个由输入引向输出的系统也是徒劳无益的。幸好，当我在加州大学伯克利分校读博士研究生时，我产生了一个新想法，这驱使我走上了一条与众不同但也更成功的道路。当时我在家里工作，桌子上和房间里有几十个物体。我意识到，如果这些物体中的任何一个发生了变化，哪怕是最轻微的变化，我都会注意到它。我的铅笔筒总是放在桌子的右侧，如果有一天我发现它放在了左侧，我就会注意到这种变化，并想知道它为什么会出现在那里；如果订书机的长度改变了，只要我摸了订书机或看过它，我就会注意到这种变化。我甚至会注意到订书机在使用时是否发出了不同的响声；如果墙上的时钟改变了位置或样式，我会注意到；如果我把鼠标移到右边时，计算机屏幕上的光标却向左移动，我也会立即意识到有问题。令我吃惊的是，即使我没有特意关注这些物体，我也会注意到这些变化。当我环顾整个房间时，我没有问“我的订书机长度是否正确”，也没有想到“检查一下，时钟的时针是否比分针短”。违反常态的变化会突然出现在我的大脑里，然后我的注意力就会被吸引过去。在我所处的环境中，有成千上万种可能的变化，我的大脑几乎立刻就能注意到这些变化。

我能想到的只有一种解释：我的大脑，特别是大脑新皮质，正在对它将要看到、听到和感觉到的东西同时做出多种预测。每次我移动眼睛，大脑新皮质就对它将要看到的东西进行预测。每次我拿起东西，大脑新皮质就会预测每个手指应该有什么感觉。我做出的每一个动作都会使大脑新皮质预测我将听到什么。我的大脑预测了最小的刺激物，如咖啡杯把手的质地，以及宏大的概念性想法，如日历上应该显示的正确月份。这些预测发生在每一种感觉模态（sensory modality）中，包括低层次的感觉特征和高层次的概念，这说明新皮质的每一部分，也就是每根皮质柱，都在进行预测。预测是新皮质十分普遍的功能。

当时，很少有神经科学家将大脑描述为一个预测机器。将研究重点放在新皮质如何同时进行许多预测，将是研究它如何工作的一种新方法。我知道新皮质并不是只做预测这件事，但预测代表了一种破解皮质柱之谜的系统性方法。我可以提出具体问题，以了解神经元在不同条件下如何进行预测。这些问题的答案可能会揭示皮质柱的功能是什么，以及它是如何实现这一功能的。

为了进行预测，大脑必须学习什么是准确的，也就是说，基于过去的经验，应该做出什么样的预测。我之前写的一本书《新机器智能》就探讨了关于这种学习和预测的想法。在那本书中，我使用了“记忆－预测模型”这一短语来描述整个想法，我还论述了以这种方式来思考大脑的意义。我认为，通过研究新皮质如何进行预测，我们将能够揭示出新皮质的工作原理。

如今，我不再使用“记忆－预测模型”这一短语。取而代之的是，我会用“新皮质学习了一个世界模型，并基于该模型进行预测”来表达同一想法。我更喜欢用“模型”这个词，因为它更准确地描述了新皮质学习的那种信息。例如，我的大脑有一个关于订书机的模型，这个模型包括订书机的外观、触感以及在使用时发出的声音。大脑关于这个世界的模型包括物体的位置，以及当我们与这些物体互动时它们发生的变化。例如，我脑海里关于订书机的模型包括订书机的顶部相对于底部如何移动，以及当顶部被压下时，订书钉是如何出来的。这些动作可能看起来很简单，但你并不是生来就具有这些知识。你在生命中的某个时刻学会了这些知识，然后储存在了你的新皮质中。

大脑创建了一个预测模型，但这只是意味着大脑会不断预测输入的信息会是什么。预测并不是大脑时刻会做的事情，而是大脑的一种内在属性。大脑永远不会停止预测，预测在大脑的学习中起着至关重要的作用。当大脑的预测得到验证时，就意味着大脑中的世界模型是准确的。一个错误的预测会使你注意到这个错误并更新该模型。

这些预测中的绝大部分，我们都不会意识到，除非与输入到大脑的信息不匹配。当我随意伸手去拿咖啡杯时，我不会意识到大脑正在预测拿起杯子时每个手指会有什么感觉，杯子会有多重，杯子的温度是多少，以及当我把它放回桌子上时杯子会发出怎样的声音。但如果杯子突然变重了，或者变冷了，或者发出吱吱声，我就会注意到这些变化。我们可以确定这些预测正在发生，因为任何输入的信息即使发生微小的变化，都会被注意到。但是，当一个预测是正确的，就像大多数预测一样，我们就不会意识到它曾经发生过。

你出生时，你的大脑新皮质几乎一无所知。它不知道任何一个单词，不知道建筑物长什么样子，不知道如何使用计算机，也不知道什么是门，以及门是如何通过铰链移动的。它必须学习无数的知识。新皮质的整体结构并不是随机的，它的大小、区域数量以及这些区域是如何连接在一起的，在很大程度上都是由我们的基因决定的。例如，基因决定了新皮质的哪些部分与眼睛相连，哪些部分与耳朵相连，以及不同部分之间如何相互连接。因此，我们可以说，新皮质与生俱来的结构就是为了实现看、听甚至学习语言等功能而设计的。但是，新皮质并不知道它将看到什么、听到什么，以及它可能会学习哪种语言。我们可以认为，新皮质在你刚出生时就已对世界有一些固有的假设，但对于具体事物一无所知。通过经验积累，它学习了一个丰富而复杂的世界模型。

新皮质所学习的东西数量巨大。例如，我现在坐在一间有着数百个物体的屋子里，我随机挑选一个，如一台打印机。我的大脑已经学习了一个打印机的模型，包括它有一个纸盘，以及纸盘如何进出打印机。我知道如何改变纸张的大小，以及如何拆开一沓新纸将其放入纸盘。我知道清除卡纸所需的操作步骤。我知道电源线的一端有一个 D 型插头，这个插头只能从一个方向插入。我知道打印机打印时发出的声音，以及当它单面打印和双面打印时，声音有何不同。我的房间里还有另外一个东西，一个小小的、有两个抽屉的文件柜。我可以回忆起关于这个柜子的几十件事情，包括每个抽屉里有什么，以及抽屉里的东西是如何排列的。我知道抽屉有一把锁，也知道钥匙在哪里，以及如何插入和转动钥匙来锁住抽屉。我知道这把钥匙和锁摸起来的感觉，以及使用它们时发出的声音。钥匙上有一个小环，我知道如何用我的指甲撬开这个小环，把一把钥匙放进去或取出来。

想象一下，你正在家中挨个房间走动。在每个房间里，你可以想起数以百计的物品，对于每件物品，你可以遵循一连串已掌握的知识。你也可以对你居住的城市做同样的练习，回忆在不同地点有哪些建筑、公园、自行车架和树木。对于每件物品，你可以回忆与之相关的经历以及你是如何与之互动的。你所知道的东西的数量是巨大的，而与之相关联的知识似乎也是永无止境的。

我们的大脑也会学习许多高层次的概念。据估计，我们每个人大约知道 4 万个单词。我们有能力学习口头语言、书面语言、手语、数学语言和音乐语言。我们的大脑会学习电子表格的工作原理、恒温器的作用，甚至“同理心”或“民主”这些概念的含义，尽管我们对这些事物的理解可能有所不同。暂且不管新皮质还能做什么其他事情，我们至少可以肯定地说，它学习了一个令人难以置信的复杂的世界模型。这个模型是我们进行预测、感知和行动的基础。

通过运动学习世界的预测模型

输入大脑的信息是不断变化的。原因有两个：第一，世界在不断变化。例如，在听音乐时，来自耳朵的信息输入在迅速变化，这表明音乐正在播放。同样，一棵在微风中摇摆的树会导致人的视觉和听觉的变化。在这两个例子中，大脑的信息输入在不断变化，不是因为你在移动，而是因为世界上的事物在运动和变化。

第二，我们在移动。每当我们迈出一步，移动一下肢体，转动一下眼睛，摆一下头，或发出一个声音，感觉输入就会发生变化。例如，我们的眼睛大约每秒钟快速移动 3 次，这种现象叫作扫视。每一次扫视，眼睛都会将目光转移到周围一个新的点上，从眼睛输入到大脑的信息会完全改变。如果我们没有移动眼睛，这种变化就不会发生。

大脑通过观察其信息输入如何随时间变化来学习世界模型。没有其他的学习方式。与计算机不同，我们不能将文件上传到大脑。大脑学习所有东西的唯一途径是通过其输入的变化。如果输入大脑的信息是静止的，大脑就什么也学不到。

有些东西，如旋律，不需要移动身体就能学会。我们可以闭着眼睛静静地坐着，只听声音如何随着时间的推移而变化，就能学会一个新的旋律。但大多数学习需要我们积极地移动身体，进行探索。想象一下，你进入一个你以前没有进过的新房子里。如果你不移动，你的感觉输入就不会有任何变化，你就不可能学到任何关于这个房子的东西。为了学习房子的模型，你必须向不同的方向看，从一个房间走到另一个房间。你需要打开门，偷看抽屉里的东西，并将它们拿起来。房子和房子里的东西大多是静态的，它们不会自己移动。要学习一个房子的模型，你就必须移动。

以一个简单的物体为例，如鼠标。要了解鼠标摸起来的感觉，你必须用手指去触摸它。要了解鼠标的外观，你必须从不同的角度观察它，把你的视线聚焦在不同的位置上。要了解鼠标的作用，你必须按下它的按钮，滑开电池盖，或在鼠标垫上移动它，看一看、摸一摸、听一听会发生什么。

这个过程对应的术语是感觉 - 运动学习。换句话说，大脑通过观察我们的感觉输入如何随着运动而变化来学习世界模型。我们不需要移动就可以学习一首歌，因为这与我们从一个房间移到另一个房间的顺序不同，一首歌中的音符顺序是固定的。但世界上大多数场景并不是这样的。大多数时候，我们必须通过移动来发现物体、地点和动作的结构。在感觉 - 运动学习中，与旋律不同，感觉的顺序并不固定。当我进入一个房间时，我看到了什么，取决于我把头转向哪个方向。当我拿着咖啡杯时，我的手指有什么感觉，取决于我的手指是向上、向下还是向侧面移动。

做每一个动作时，新皮质都会预测做出这个动作之后的感觉会是什么。如果我沿着咖啡杯向上移动我的手指，我预测会触摸到杯口，向旁边移动我的手指，我预测会触摸到杯柄。如果我在进入厨房时把头转向左边，我就预测会看到冰箱，如果把头转向右边，我就预测会看到储藏室。如果我把眼睛移到左边的煤气灶前，就预测会看到我需要修理的坏掉的打火器。如果有任何信息输入与新皮质的预测不一致（也许是我妻子修理了打火器），那么我的注意力就会被吸引到预测错误的地方。这就提醒了新皮质，它需要更新这部分世界模型。

关于新皮质如何工作的问题，我现在可以给出更精确的表述了：由数千个几乎相同的皮质柱组成的新皮质，是如何通过运动学习世界的预测模型的？

这就是我和我的团队着手回答的问题。我们相信，如果我们能回答这个问题，就能对新皮质进行逆向工程。我们将了解新皮质的功能以及它是如何实现这一功能的。最终，我们将能够制造出以同样方式工作的智能机器。

神经元工作的两个基本原则

你还需要了解一些基本的概念，然后我们才能开始回答上述问题。像身体的其他各部分一样，大脑也是由细胞组成的。大脑中的细胞叫作神经元，在许多方面与所有其他细胞相似。例如，神经元有一个定义其边界的细胞膜和一个含有 DNA 的细胞核。然而，神经元又有几个独特的属性，这些属性在身体的其他细胞中并不存在。

第一，神经元看起来像一棵树。它的细胞膜有树枝状的延伸，名为轴突和树突。树突是输入端，聚集在细胞附近；轴突是输出端，它与附近的神经元建立许多连接，但往往要延伸很远，如从大脑的一侧延伸到另一侧，或从新皮质一直延伸到脊髓。

第二，神经元产生脉冲，脉冲也叫动作电位。动作电位是一种电信号，从细胞体附近开始产生，沿轴突行进，一直到达轴突末端。

第三，一个神经元的轴突会与其他神经元的树突建立连接。这些连接点被称为突触。当沿轴突行进的脉冲到达突触时，便会释放一种化学物质，这种化学物质会进入接收神经元的树突。释放的化学物质类型决定了接收神经元产生脉冲的频率。

根据神经元的工作原理，我将陈述两个基本原则。这两个原则对我们理解大脑和智能至关重要。

原则一：思想、观念和感知都是神经元的活动

无论什么时候，新皮质中都会有一些神经元积极地发射脉冲信号，而另一些则不会。通常情况下，在同一时间活跃的神经元数量很少，可能只占全部神经元数量的 2%。你的想法和感知是由活跃的神经元决定的。

例如，当医生进行脑部手术时，有时需要将清醒的病人大脑中的一些神经元激活，于是他们将一根小小的探针插入新皮质，用电来激活一

些神经元。这时，病人可能会听到、看到或想到些什么。当医生停止刺激时，病人的这些体验就会停止。医生激活不同的神经元，病人便会产生不同的想法或感知。

人的思想和体验正是一组神经元同时活跃的结果。单个神经元可以参与许多不同的思想或体验。你的每个想法都是神经元的活动。你看到、听到或感觉到的一切也是神经元的活动。我们的精神状态和神经元的活动是一体的。

原则二：我们所知道的一切都储存在神经元之间的连接中

大脑记住了很多东西。你有永久性记忆，如你在哪里长大；你也有临时性记忆，如你昨晚吃了什么；你还有基本的知识，如怎样打开一扇门或如何拼写“字典”这个词。所有这些东西都是通过突触，即神经元之间的连接来存储的。

以下是关于大脑如何学习的一些基本概念。每个神经元都有数以千计的突触，这些突触将神经元与成千上万个其他神经元相连。如果两个神经元同时发射脉冲信号，便会强化它们之间的连接。当我们学习时，这些连接就会强化，而当我们忘记一些事情时，这些连接就会减弱。这一基本思想是由加拿大心理学家唐纳德·赫布（Donald Hebb）[①] 在 20 世纪 40 年代提出的，今天人们称其为“赫布理论”（Hebbian learning）。

---

① 唐纳德·赫布致力于研究神经元在心理过程中的作用，在神经心理学领域做出了重要贡献，被誉为神经心理学与神经网络之父。——译者注

许多年来，人们认为成人大脑中神经元之间的连接是固定的，学习只是增强或减少突触的强度。这仍然是目前大多数人工神经网络中的学习方式。

然而，在过去的几十年里，科学家发现，在大脑的许多部分（包括新皮质）中，新突触会形成，旧突触会消失。每天，单个神经元上的许多突触会消失，新突触会取而代之。因此，大部分的学习是通过在以前没有连接的神经元之间形成新的连接而发生的。当旧的或未使用的连接被完全移除时，就会发生遗忘。

大脑中的连接存储着我们通过经验学习的世界模型。每天我们都会经历新的事物，并通过形成新的突触来为模型添加新的知识片段。在某个时间点活跃的神经元代表我们当前的想法和感知。

我们现在已经讨论了新皮质的几个基本组成部分，即拼图的一些碎片。在第 4 章中，我们将把这些碎片拼在一起，揭示整个新皮质的工作原理。

A THOUSAND BRAINS

大脑新皮质的
3 大发现

人们常说大脑是宇宙中最复杂的东西，并由此得出结论，大脑的工作原理很难简单描述，或者说，也许我们永远不会真正理解大脑。历史中的科学发现表明，这种说法是错误的。重大的发现几乎总是伴随着令人困惑的复杂观察。有了正确的理论框架后，这种复杂性并没有消失，但它不再令人困惑了。

行星的运动就是我们熟悉的一个例子。数千年来，天文学家认真追踪行星在星空中的运动轨迹。一颗行星在一年中的运动轨迹很复杂，它会以各种形式飞来飞去，在天空中绕着圈。人们很难想象能够对这些难以捉摸的行星运动做出什么解释。如今，我们已经掌握了行星围绕太阳运转的基本概念。行星的运动轨迹仍然很复杂，预测它们的运动轨迹需要运用很难的数学运算，但有了正确的框架后，这种复杂性就不再神秘了。大部分科学发现从基本入门水平上说都不难理解。小学生可以学习地球围绕着太阳运转这类知识，高中生可以学习进化论、遗传学、量子力学和相对论。每一项科学进步都以令人困惑的观察先行。而现在，这些观察似乎很明了，也很合乎逻辑。

同样，我一直认为，新皮质之所以显得复杂，主要是因为我们不了解它，如果有一天我们了解它了，它就会变得相对简单。一旦我们知道了解决方案，当我们回看时就会说："哦，就是这样，我当时为什么没有想到呢？"当我们的研究停滞不前，或者当我被告知大脑太难理解时，我会想象，未来大脑理论会是高中课程的一部分。这让我有了继续前进的动力。

我们试图破译新皮质的这一工作进展并不是一帆风顺的。在过去 18 年时间里，我和同事们在红木神经科学研究所工作了 3 年，在 Numenta 工作了 15 年，一直致力于探究这个问题。有时我们取得了小的进展，有时我们获得了大的突破，有时我们提出的想法起初看起来很让人兴奋，但最终我们发现那似乎是个死胡同。我不打算和你们赘述所有历史，我只想描述几个关键时刻，也就是我们对大脑的理解取得大的飞跃时，仿佛大自然在我们耳边告诉了我们一些之前被忽略了的东西。其中有 3 个这样的"顿悟"时刻，我记忆犹新。我将它们称为我的 3 个发现。

第一个发现：新皮质学习世界的预测模型

我已经介绍过，在 1986 年，我是如何意识到新皮质会学习世界的预测模型的。这个想法非常重要，我再怎么强调都不为过。我之所以称它为一个发现，是因为这就是我当时的感觉。历史上有很长一段时间，哲学家和科学家都在谈论相关观点，如今，神经科学家说大脑会学习世界的预测模型已并不罕见。但在 1986 年，神经科学家和教科书仍然把大脑描述得更像一台计算机：信息输入，信息处理，然后采取行动。当然，学习世界模型和进行预测并不是新皮质唯一的工作。然而，通过研究新皮质如何进行预测，我相信我们可以解开整个系统的工作原理。

这一发现引出了一个重要的问题：大脑是如何进行预测的？一个可能的答案是，大脑有两种类型的神经元：当大脑实际看到某些东西时，一类神经元会被激活；而当大脑预测会看到某些东西时，另一类神经元会被激活。为了避免产生幻觉，大脑需要将其预测与现实分开，而使用两组神经元便可以很好地实现这一点。然而，这个想法有两个问题。

第一，鉴于新皮质每时每刻都在进行大量的预测，按理说我们应该能找到大量的预测神经元。但到目前为止，这一点并没有得到证实。科学家发现有些神经元会在信息输入之前就开始活跃，但这些神经元并不像我们预期的那样常见。第二，如果新皮质每时每刻都在进行成百上千次预测，为什么这些预测中的大部分我们都没有意识到？这个问题也一直困惑着我。如果我用手抓起一个杯子，我不知道大脑正在预测每个手指应该会有什么感觉，除非我感觉到一些不寻常的东西，比如，杯子上的一条裂缝。我们不会有意识地去注意大脑所做的大多数预测，除非发生了错误。试图了解新皮质中的神经元如何进行预测便引出了第二个发现。

第二个发现：预测发生在神经元内部

我们来回顾一下，新皮质做出的预测有两种类型。第一种预测的发生是因为你周围的世界在变化。例如，你正在听一段旋律。你可以闭着眼睛静静地坐着，随着旋律的进行，进入你耳朵的声音也在变化。如果你曾听过这段旋律，那么你的大脑就会不断预测下一个进入你耳朵的音符，如果有任何音符不正确，你就会注意到。第二种预测的发生是因为你在移动。例如，当我在办公室的大厅里锁上自行车时，新皮质会根据我的动作产生的感觉，以及看到和听到的东西做出许多预测。自行车和锁本身并没有移动。我的每一个动作都会导致一系列预测。如果我改变动作的顺序，那么预测的顺序也会改变。

芒卡斯尔提出的通用皮质算法表明，新皮质中的每根皮质柱都能进行这两种类型的预测，否则，大脑中的皮质柱会具有不同的功能。我的团队也意识到，这两种类型的预测密切相关。因此，我们认为，在一个子问题上取得进展也将有助于另一个子问题取得进展。

预测旋律中的下一个音符，也被称为序列记忆，是这两个问题中比较简单的，所以我们先介绍它。序列记忆不仅用于学习旋律，还用于创造行为。例如，当我洗完澡用毛巾擦身体时，我通常会遵循一个几乎相同的动作模式，这就是一种序列记忆。序列记忆也被用于语言中。识别口语中的一个词就像识别一段简短的旋律。词是由一连串音素组成的，而旋律是由一连串音符组成的。还有更多类似的例子，但为了简单起见，我暂且只讨论旋律。我们希望通过推断皮质柱中的神经元如何学习序列，揭示出神经元对一切事物进行预测的基本原则。

在我们能够推导出解决方案之前，我们就旋律预测问题进行了好几年的探究，这种预测必须表现出多种能力。例如，旋律经常有重复的部分，如合唱或贝多芬《C 小调第五交响曲》曲谱中的 da da da dum。为了预测下一个音符，你不能只看上一个音符或前 5 个音符。正确的预测可能依赖于很久以前出现的音符。神经元必须弄清楚有多少背景知识是做出正确预测所必需的。另外，神经元必须会玩“听歌识曲”游戏。你听到的前几个音符可能属于几段不同的旋律。神经元必须追踪所有可能的、与到目前为止所听到的内容一致的旋律，直到听到足够多的音符来排除其他可能，锁定一段旋律。

为序列记忆问题设计一个解决方案很容易，但要弄清楚真正的神经元（即新皮质中的那种神经元）如何解决这类问题则很难。几年来，我们尝试了不同方法。大多数方法在某种程度上奏效了，但没有一种方法能实现我们所需要的所有能力，也没有一种方法恰好符合我们所知道的关于大脑的生物学细节。我们对部分解决方案或受生物学启发的解决方案并不满意。我们想知道真正的神经元是如何学习序列并进行预测的。

我仍然记得我发现旋律预测问题解决方案的那一刻。那是 2010 年，感恩节假期的前一天，当时的我灵光乍现，解决方案瞬间就出现在我的脑海中。但当我想到这个方案时，我意识到这需要神经元做一些我不确定它是否能够做到的事情。换句话说，基于我的假设，我可以有好几个令人惊讶的具体推论，并且我可以检验这些推论是否正确。

科学家通常会通过做实验来检验基于一个理论而做出的推论是否成立，但神经科学的做法通常不是这样的。事实上，在每个子领域，研究人员都会发表几百到几千篇论文，但这些论文大多数并没有用一个整体理论去解释其实验数据。这就为像我这样的理论家提供了一个机会，通过查找过去的研究论文，找到支持或否定新假设的实验数据，从而快速检验我的新假设。我找到了几十篇包含相关实验数据的期刊论文，这些数据可以为序列记忆这个新理论带来启示。那天，我的家人们都在我这里庆祝感恩节的到来，但我太兴奋了，等不到大家都各自回家就开始分享自己的这个新发现。我记得我一边做饭一边读论文，并与家人们一起讨论神经元和旋律的问题。我读得越多，就越相信我得出了一个重大发现。

其中，最关键的一点是关于神经元的全新思维方式。

图 4-1 是新皮质中一个典型的神经元。这样的神经元有成千上万个突触，这些突触沿着树突的分支分布。有些树突靠近细胞体（在图的底部），有些树突则离得较远（在图的顶部）。框中显示的是一个树突分支的放大图，从中你可以看到突触有多么微小，并且紧密相连。树突上的每一个凸起就是一个突触。我还突出显示了细胞体周围的一个区域，这个区域的突触被称为近端突触。如果近端突触收到足够的信息输入，那么神经元就会发射脉冲信号。脉冲从细胞体开始，通过轴突传递到其他神经元。

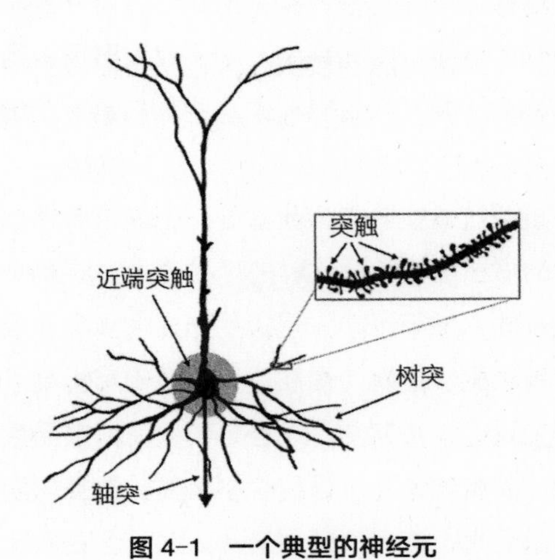

图 4-1　一个典型的神经元

图 4-1 中没有画出轴突，所以我加了一个朝下的箭头来显示它的位置。如果只考虑近端突触和细胞体，那么这就是神经元的一幅经典图示。如果你曾经读过关于神经元的书或研究过人工神经网络，你就能理解这种描述。

奇怪的是，只有不到 10% 的细胞突触是在近端区，其他 90% 以上的突触距离都比较远，以至于无法触发脉冲。如果信息输入到达这些远端突触中的某一个，如方框中所示的突触，那么它对细胞体几乎没有任何影响。于是研究人员只能认为，远端突触起着某种调节作用。多年来，没有人知道新皮质中另外 90% 的突触的功能到底是什么。

大约从 1990 年开始，这张图发生了变化。科学家发现了沿树突传播的新型脉冲。以前，我们只知道一种类型的脉冲：它从细胞体开始，沿轴突传播，到达其他细胞。现在，我们了解到还有其他沿树突传播的脉冲。当树突分枝上约 20 个相邻的突触同时接收信息输入时，就会产生一种树突脉冲。一旦树突脉冲被激活，它就会沿着树突传播，直到到达细胞体。当它到达时，它会提高细胞的电压，但这还不足以使神经元发射脉冲。这就像树突脉冲在挑逗神经元，它的强度几乎能够激活神经元，但还差点儿。

神经元在回到正常状态之前，会在这种被刺激的状态下停留一小段时间。科学家再一次感到疑惑，如果树突脉冲的强度不足以使细胞体内的神经元发射脉冲，那它们有什么用呢？由于不知道树突脉冲有什么用，人工智能研究人员便使用没有树突脉冲的模拟神经元，这些神经元没有树突以及树突上的数千个突触。但我知道，远端突触必然会在大脑功能中发挥重要作用。任何理论以及任何神经网络，如果不考虑大脑新皮质中另外 90% 的突触，就一定是错误的。

我的观点是，树突脉冲就是预测本身。当远端树突上一组相邻的突触同时接收信息输入时，就会产生树突脉冲，这就意味着该神经元已经识别出其他一些神经元的活动模式。当检测到这种活动模式时，该神经元就会产生一种树突脉冲，从而提高细胞体的电压，使细胞进入我们所说的“预测状态”。这时，这个神经元处于一种预脉冲状态。这种状态类似于一个跑步者听到“预备——”时调整好姿势准备起跑。如果一个处于预测状态的神经元随后得到足够的近端信息输入，产生一个潜在的脉冲，那么该细胞就会比神经元没有处于预测状态下更早一点发射脉冲信号。

不妨想象一下，有 10 个神经元在其近端突触上都能识别出相同的活动模式。这就像在起跑线上的 10 个选手，都在等待同一个信号。一位选手听到“预备——”时，知道比赛即将开始。他在起跑线上蓄势待发。当听到开始的信号时，他会比其他没有准备好的选手更早出发，因为其他选手没有听到预备信号，也没有为起跑做好准备。当看到第一位选手已经遥遥领先，其他选手可能就会选择放弃，甚至压根就没有起跑，他们只好等待下一场比赛。这种竞争也发生在整个新皮质中。

在每个迷你皮质柱中，会有多个神经元对同一输入模式产生应激反应。它们就像在起跑线上的选手，都在等待相同的信号。如果它们都获得了输入，就都会发射脉冲信号。但如果有一个或几个神经元已经处于预测状态，根据我们的理论，只有这些神经元才会发射脉冲信号，其他神经元则会被抑制。因此，当一个未预测到的输入到达时，多个神经元会同时被激发，但如果输入是预测到的，那么将只有处于预测状态的神经元会发射脉冲信号。这是从新皮质中观察到的一个常见现象：未预测到的输入通常会比预测到的输入引起更大的刺激。

如果你取几千个神经元，把它们排列成一个个迷你皮质柱，使它们相互连接在一起，并添加一些抑制性神经元，它们就能学习序列。你便发现这些神经元能够解决“听歌识曲”的问题，它们不会因重复的子序列而感到困惑，而且它们可以预测序列中的下一个元素。

实现这一点的关键在于对神经元的全新理解。我们已经知道，预测是大脑中普遍存在的一种功能，但我们不知道预测是如何以及在何处发生的。通过这项发现，我们了解到大多数预测其实都是在神经元内部发生的。当一个神经元识别一种活动模式，产生一种树突脉冲，并比其他神经元更早地准备好发射脉冲信号时，就会产生预测。由于有数以千计的远端突触，所以每个神经元可以识别出数以百计的模式，这些模式能够预测神经元何时会被激活。预测建立在新皮质中的神经元中。

我们花了一年多的时间测试这种新的神经元模型和序列记忆回路。我们编写了测试神经元功能的软件模拟，并惊讶地发现，只需 2 万个神经元就能学习数千个完整的序列。我们发现，即使 30% 的神经元已经死亡或输入充满噪声，序列记忆仍然能够正常工作。我们花越多的时间测试这个理论，就越有信心证明它真正触及了问题的核心，即新皮质内部究竟是怎么工作的。我们也从实验室中发现越来越多的实证证据来论证和支撑我们的想法。例如，这个理论预测树突脉冲有一些特定的行为方式，起初我们无法找到结论性的实验证据，但通过与实验者交谈，我们对他们的发现有了更清晰的认识，并且注意到他们得出的数据与我们理论预测的结果是一致的。2011 年，我们在一份白皮书中首次发表了该理论。2016 年，我们进一步发表了一篇经同行评审的期刊论文《为什么神经元有成千上万个突触，新皮质中的序列记忆理论》(*Why Neurons Have Thousands of Synapses, a Theory of Sequence Memory in the Neocortex*)。这篇论文引起了热烈反响，因此很快它就成为该期刊中阅读量最多的论文之一。

第三个发现：新皮质的关键是参考系

接下来，我们把注意力转向预测问题的后半部分：当我们移动时，新皮质是如何预测下一个输入的？与旋律不同，这种情况下的输入顺序并不固定，因为它取决于我们移动的方向。例如，如果我向左看，我看到一个东西，如果我向右看，我看到的是另外一个东西。对于一根皮质柱来说，要预测它的下一个输入，它必须知道接下来的移动是什么。

预测一个序列中的下一个输入和预测我们移动时的下一个输入是类似的问题。我们意识到，如果给神经元添加一个额外输入，提供感官移动方式的信息，那么序列记忆回路就可以进行这两种类型的预测。然而，我们并不知道与移动有关的信号应该是什么样子的。

我们从能想到的最简单的事情开始。如果与移动有关的信号只是“向左移动”或“向右移动”，会怎么样？我们验证了这个想法，结果很成功。我们甚至制造了一个小型机械臂，在向左和向右移动时它能预测其输入，并且我们在一次神经科学会议上做了展示。然而，这个小型机械臂有其局限性。它能应对简单的测试，比如在两个方向上移动，但当我们试图将它扩展到复杂的现实世界中，比如同时在多个方向上移动时，它就需要非常多的训练。我们觉得与正确的解决方案已经很接近了，但似乎有些地方还不太对。我们尝试做了几种改变，但都失败了，这很令人沮丧。几个月后，我们陷入了困境。我们看不到解决这个问题的方法，只好把这个问题暂时放在了一边。

2016 年 2 月底，我坐在办公室等待妻子珍妮特和我一起吃午饭。我手里拿着一个 Numenta 的咖啡杯，一边观察，一边用手指触摸它。我问了自己一个简单的问题：我的大脑需要知道些什么，才能预测我的手指在移动时会有什么感觉呢？如果我的一根手指在杯子的侧面，然后向顶部移动，我的大脑就会预测我将感觉到杯嘴的圆弧。我的大脑在我的手指接触杯嘴之前就做出了这个预测。大脑需要知道什么信息才能做出这种预测？答案显而易见。大脑需要知道这两件事：它所接触的是什么物体（在这种情况下是咖啡杯），以及我的手指移动后将会在杯子上的什么位置。

请注意，大脑需要知道的是我的手指相对于杯子的位置。我的手指相对于我身体的位置并不重要，杯子的位置或它是如何摆放的也不重要。杯子可以向左倾斜或向右倾斜，它可能在我前面，也可能在我旁边。重要的是我的手指与杯子的相对位置。

这一发现意味着，新皮质中一定有神经元负责表征我的手指在一个参考系中的位置，这个参考系同样与杯子相关。我们一直在寻找的与移动有关的信号，即预测下一个输入所需要的信号，正是“在物体上的位置”。

你可能在高中时学过参考系，例如，用 x、y 和 z 坐标轴来定义某物在空间中的位置。另一个熟悉的例子是纬度和经度，这两者定义了地球表面的位置。起初，我们很难想象如何能将神经元类比成 x、y 和 z 坐标轴这样的东西。更令人费解的是，神经元能将一个参考系附着到咖啡杯这样的物体上。杯子的参考系是与杯子相关的，因此，参考系必须随着杯子的移动而移动。

想象在一把办公椅前，我的大脑会预测我接触到椅子时的感觉，就像它会预测我触摸咖啡杯时的感觉一样。因此，我的新皮质中一定有神经元知道我的手指相对于椅子的位置，也就是说，新皮质必须建立一个以椅子为轴心的参考系。如果我把椅子旋转一圈，参考系就会随之旋转一圈。如果我把椅子翻过来，参考系也会翻过来。你可以把参考系看作一个隐形的三维网格，附着在椅子上。神经元本身是很简单的，很难想象它能够创造出这样的参考系，并将参考系附着在物体上，而且能够跟随这些物体移动和旋转，除此之外，还有更令人惊讶的地方。

我身体的不同部位（指尖、手掌、嘴唇）可能会同时接触咖啡杯。每一个接触杯子的部位都会基于它在杯子上的独特位置对其感觉进行单独预测。因此，大脑不是在做一个预测，而是同时在做几十甚至几百个预测。新皮质必须知道我身体的每一个部位相对于杯子的位置，也就是触碰到杯子的位置。

我意识到，视觉正在做与触觉相同的事情。成片的视网膜与成片的皮肤一样，你的每块视网膜只能看到整个物体的一小部分，就像你的每块皮肤只能接触到物体的一小部分一样。大脑并不会直接处理一整张图片，进入眼睛的确实是一整张图片，但随后这张图片便分解成数百个碎片，然后每一个碎片会被分配到被观察物体的相对位置上。

创建参考系和追踪位置并不是一项微不足道的任务。我知道这需要几种不同类型的神经元和多层细胞的共同作用来完成相关计算。由于每根皮质柱中的复杂回路都很相似，所以定位和创建参考系一定是新皮质的普遍属性。新皮质中的每根皮质柱，无论它代表视觉信息、触觉信息、听觉信息、语言还是高级思维，都一定具有代表参考系和位置的神经元。

在此之前，包括我在内的大多数神经科学家都认为，新皮质主要处理感觉输入。那天我意识到，我们需要重新考虑，应该把新皮质的主要功能视为处理参考系，新皮质中的大部分回路都是用来创建参考系以及追踪位置的。感觉输入当然必不可少。正如我将在接下来的章节中论述的那样，大脑通过将感觉输入与参考系中的位置联系起来，建立世界模型。

为什么参考系如此重要？有了它们，大脑能获得什么？第一，参考系使大脑能够了解某物的结构。一个咖啡杯是一个物体，因为它是由一组在空间中相对排列的特征和表面组成的。同样，一张脸是由鼻子、眼睛和嘴组成的，每个部位处在相对位置上。你需要一个参考系来指定物体的相对位置和结构。

第二，通过利用参考系来定义一个物体，大脑便可以一次性操纵整个物体。例如，一辆汽车有许多特征，相对排列。一旦我们了解了一辆汽车，我们就可以想象它从不同的角度看是什么样子，也能辨别出它在某个维度上是否被拉长了。在这个想象的过程中，大脑只需要旋转或拉伸参考系，汽车的所有特征就会随之旋转和拉伸。

第三，做计划和移动需要利用参考系。假设我的手指正触摸着手机的正面，我想按下手机的电源按钮。如果我的大脑知道我手指的当前位置和电源按钮的位置，那么它就可以计算出我的手指需要怎样从当前位置移到新的位置。要进行这种计算，需要一个与手机位置相关的参考系。

参考系在许多领域都有应用。机器人专家依靠参考系来规划机器人手臂或身体的移动。参考系也应用于动画电影中，用于标示人物的移动。曾有人建议，某些人工智能应用可能会需要参考系。但据我所知，关于新皮质在创建参考系方面的作用，以及每根皮质柱中大多数神经元的功能是创建参考系和追踪位置，当时还没有任何有意义的讨论。不过现在对我来说，这些似乎已经很明显了。

芒卡斯尔认为，每根皮质柱中都存在一种通用的算法，但他不知道这种算法是什么。弗朗西斯·克里克认为，我们需要一个新的框架来理解大脑，然而他也不知道这个框架应该是什么。2016 年的那一天，我手里握着咖啡杯，突然意识到芒卡斯尔的算法和克里克的框架都基于参考系。虽然我还没有弄清楚神经元是如何做到这一点的，但我知道这一定是真的。参考系正是其中缺失的成分，是揭开新皮质之谜和理解智能的关键。

所有这些关于位置和参考系的想法似乎都是瞬间产生的灵感。我兴奋到从椅子上跳了起来，跑去告诉我的同事萨布泰·艾哈迈德（Subutai Ahmad）。我跑到他的办公室，但不小心碰到了珍妮特，差点儿把她撞倒。我急于和萨布泰交谈，不过当我扶住珍妮特并向她道歉时，我意识到以后再找萨布泰谈这些可能会更明智。珍妮特一边和我讨论参考系和位置，一边分享她的冻酸奶。

这是一个很好的点，可以解决我经常被问到的一个问题：如果一个理论并没有经过实验检验，我又怎么能自信地来谈论它？我刚刚只描述了其中一种情况。我曾觉察到，新皮质中充斥着很多参考系，很快我开始对这一点胸有成竹。在我写这本书的时候，已经有越来越多的证据支撑这个新想法，但它仍然没有得到彻底验证。然而，我依然毫不犹豫地把这个想法看作一个事实。原因就在这里。

在我们处理问题的过程中，我们会发现我所说的限制因素。这些限制因素必须得以解决。在描述序列记忆时，我举了几个限制因素的例子，例如，“听歌识曲”的要求。大脑的解剖学和生理学特征也是限制因素。脑科学理论最终必须解释有关大脑的所有细节，而一个正确的理论是不能违背这些细节的。

处理一个问题的时间越长，你发现的限制因素就会越多，想出一个解决方案就会越困难。我在这一章描述的灵光乍现的“顿悟”时刻，是关于一个我们已处理了多年的问题，因此，我们对这些问题理解得很深刻，我们发现的限制因素也很多。一个解决方案正确的可能性，随着它所满足的限制因素的数量呈指数级增长。这就像玩填字游戏：往往有几个词与一条线索相匹配。如果你从这些词中选一个，很有可能选错。如果你找到两个相交的词，那么它们都正确的可能性就会更大。如果你找到 10 个相交的词，它们都错的可能性微乎其微。你可以毫不犹豫地写出答案。

> 当一个新的想法能够满足多种限制因素时，“啊哈”时刻就会出现。你处理一个问题的时间越长，最终能解决的限制因素越多，顿悟的感觉就会越明显，你就越有信心相信这个答案。新皮质中充斥着很多参考系的想法解决了许多限制因素，因此我很快就知道它是正确的。

我们花了 3 年多的时间来证明这一发现的意义，在我写上面这篇文章时，我们仍然没有完成。到目前为止，我们已经发表了几篇与之相关的论文。第一篇论文是《关于新皮质中的皮质柱如何实现学习世界结构的理论》(*A Theory of How Columns in the Neocortex Enable Learning the Structure of the World*)。这篇论文开头讨论的便是我们在 2016 年关于神经元和序列记忆的论文中描述的相同回路。然后，我们增加了一层代表位置的神经元和一层代表被感知的物体的神经元。通过这些补充，我们表明，单根皮质柱可以通过不断地感应和移动来学习物体的三维形状。

举个例子，想象一下，你将手伸进一个黑盒子里，用一根手指触摸一个新的物体。你可以通过在物体的边缘移动手指来了解整个物体的形状。我们发表的论文解释了单根皮质柱是如何做到这一点的。我们还展示了单根皮质柱如何以同样的方式识别先前已了解的物体，例如，通过移动手指。然后，我们展示了新皮质中的多根皮质柱如何协同工作以便更快地识别出物体。例如，如果你把手伸进黑盒子里，用整只手抓住一个未知的物体，你可以只通过较少的移动来识别它，甚至在某些情况下，只需抓一次就可以识别。

我们在提交这篇论文时很紧张，争论是否应该再等一等。我们提出，整个新皮质通过创建参考系来工作，有成千上万个参考系在同时活动。这个想法很有颠覆性，然而，我们并没有提出神经元实际上是如何创建参考系的。我们认为："我们推断出位置和参考系一定存在，而且，假设它们确实存在，这就是皮质柱工作的方式。哦，顺便说一句，我们并不知道神经元实际上是如何创建参考系的。"最终，我们还是决定提交这篇论文。我问自己，即使这篇论文不完整，我还会去读它吗？我的答案是肯定的。新皮质会在每根皮质柱中表征位置和参考系的想法太令人振奋了，不能因为我们不知道神经元是如何做到这一点的就放弃这个想法。我相信这个基本概念一定是正确的。

撰写一篇论文耗时很长。仅仅写初稿就用了几个月，而且还要经常做一些模拟实验，这又花了几个月的时间。在这项工作接近尾声，即将提交论文之前，我在论文中补充了一个想法。我认为，可以通过研究大脑的一个较为古老的部分——内嗅皮质，来探究新皮质中的神经元如何创建参考系这一问题。几个月后，当论文通过审核时，我们知道这个猜想是正确的，我将在第 5 章中讨论。

我们刚刚讲了很多内容，现在一起来做个快速回顾。本章的目的是向你介绍新皮质中的每根皮质柱都能创建参考系这一观点。我介绍了我们是如何一步步得出这一结论的。我们从新皮质学习一个丰富而详细的世界模型开始，它会利用这个模型不断预测下一个感觉输入是什么。我们接着探讨神经元是如何做出这些预测的。这使我们得出了一个新的理论，即大多数预测是由树突脉冲表示的，它暂时改变了神经元内部的细胞电压，从而使该神经元比其他神经元提前做好准备，以便更早发射脉冲信号。预测不会沿着细胞的轴突发送到其他神经元，这就解释了为什么我们对大多数预测一无所知。然后，我们展示了新皮质中使用新神经元模型的回路是如何学习和预测序列的。我们将这一想法应用于这样一个问题：当感觉输入因我们自己的移动而改变时，这样的回路如何预测下一个感觉输入。为了预测这些移动的感觉输入，我们推断，每根皮质柱必须知道其感觉输入相对于被感知到的物体的位置。要做到这一点，皮质柱需要一个以该物体为轴心的参考系。

大脑中的地图

我们花了很多年时间才推断出新皮质中存在参考系，但事后看来，我们其实很早就可以通过简单的观察来理解这一点。此刻，我正坐在 Numenta 办公楼的一个小休息区。我附近有 3 把舒适的椅子，就如同我坐着的这把一样舒适。除了椅子之外，还有几张独立的办公桌。除了办公桌，我还看到街对面破旧的乡镇法院。来自这些物体的光线进入我的眼睛，投射到视网膜上。视网膜上的细胞会将光转化为脉冲。这就是视觉的起点，位于眼睛的后面。那么，为什么我们不是直接在眼睛里感知物体呢？如果椅子、办公桌和法院在我的视网膜上相邻成像，我怎么会感知到它们的距离不同、位置不同呢？同样，如果我听到有一辆汽车驶来，为什么我会感知到汽车在我右边约 30 米外，不是在我的耳朵里，而声音实际上是出现在耳朵里的呢？

这个简单的观察，即我们感知到物体是在某个地方而不是在我们的眼睛和耳朵里，告诉我们，大脑里一定有一些神经元，这些神经元的活动表征了我们所感知的每个物体的位置。

在第 4 章的结尾，我告诉过大家，我们在提交第一篇关于参考系的论文时很担心，因为当时我们并不知道新皮质中的神经元是如何做到这一点的。我们当时提出的是一个关于新皮质如何工作的重要的新理论，但这个理论主要是基于逻辑推理。如果我们能够说明神经元是如何做到这一点的，那这将是一篇更有力的论文。在我们提交论文的前一天，我在论文中补充了几句话，暗示答案可能在大脑中一个较古老的部分，即内嗅皮质中找到。我将通过一个关于进化的故事来告诉你，我们为什么会提出这样的理论。

为世界建立参考系

当动物首次开始在这个世界上移动时，它们需要一种机制来决定移动的方向。简单的动物有简单的机制。例如，一些细菌遵循梯度渐变机制。如果所需资源（如食物）的数量在增加，那么它们就更有可能继续向同一方向移动。如果所需资源的数量在减少，那么它们便更有可能转变并尝试不同的方向。一个细菌不知道它所处的位置，也没有任何方法来表征它在这个世界上的位置。它只是向前走，利用一个简单的规则来决定何时转弯。稍微复杂一点儿的动物，如蚯蚓，可能会移动到温度、食物和水都比较理想的区域进行活动，但它不知道自己在花园里的相对位置。它不知道砖头小路有多远，也不知道最近的栅栏的方向和距离。

现在考虑一下，如果一个动物知道自己所处的位置和自己相对于环境的位置，那它会获得怎样的优势。这个动物可以记住它过去在哪里找到了食物，以及它用来避难的地方。然后，它可以计算出如何从现在的位置出发前往以前去过的地方，它还可以记住去往水坑的路径以及沿途各处发生的情况。知道自己所处的位置和世界上其他事物的位置会使你具备很多优势，但这需要一个参考系。

回顾一下，参考系就像地图上的网格。例如，在一张纸质地图上，你可以用标记的行和列来定位某物，如 C7（第 C 行第 7 列）。地图的行和列是地图所表示区域的参考系。如果一个动物有一个关于它所在世界的参考系，那么当它外出探索的时候，它就可以记下在每个地点的发现。当它想去某个地方，如避难所时，它可以使用参考系来计算如何从当前位置到达那里。为你所在的世界建立一个参考系对生存很有用。

能够在这个世界中找到正确的方向具有重大意义，因而进化的过程提供了许多种导航方法。例如，一些蜜蜂可以用舞蹈的形式传达距离和方向。哺乳动物，如我们自己，有一个强大的内部导航系统。大脑较古老的部分中有一些神经元，它们可以学习我们曾到过的地方的地图，这些神经元经过长期的进化过程，其所做的事情都经过了精心调整。在哺乳动物的大脑中，构建地图的神经元位于旧脑的海马和内嗅皮质中。在人类大脑中，这些器官大约有一根手指大小，在大脑的两侧各有一组，靠近大脑的中心。

旧脑中的地图

1971 年，拥有英国和美国双重国籍的神经科学家约翰·奥基夫（John O'Keefe）和他的学生乔纳森·多斯特罗夫斯基（Jonathan Dostrovsky）将一根导线放入老鼠的大脑中。这根导线可以记录海马中单个神经元的脉冲活动。这根导线向上延伸，因此他们可以在老鼠移动和探索周围环境时记录该细胞的活动，这里所说的周围环境通常就是桌上的一个大箱子。他们发现了现在为人所知的“位置细胞”（place cell）：每当老鼠处在特定环境中的特定位置时，位置细胞的神经元就会兴奋起来。位置细胞就像地图上“你在这里”的标记。随着老鼠的移动，不同的位置细胞在不同的位置会变得活跃。如果老鼠回到它之前所在的位置，同样的位置细胞就会再次活跃起来。

2005年，挪威心理学家、神经科学家梅－布里特·莫泽（May-Britt Moser）和爱德华·莫泽（Edvard Moser）使用了一个类似的实验装置重复了该实验，实验对象同样是老鼠。他们的实验记录了与海马相邻的内嗅皮质内神经元的信号。他们发现了现在被称为“网格细胞”（grid cell）的神经元，这些细胞会在环境中的多个位置活跃。网格细胞活跃的位置形成了网格模式。如果老鼠在一条直线上移动，同一个网格细胞就会以相同的距离间隔反复活跃。

位置细胞和网格细胞工作的细节十分复杂，目前仍然很难完全理解，但你可以认为它们是在为老鼠所处的环境绘制一张地图。网格细胞就像纸质地图上的行和列，但覆盖在老鼠所处的环境上。它们使老鼠能够知道自己身在何处，预测自己移动时的位置，并规划下一步移动。例如，如果我在地图上的位置是B4，想去位置D6，那么我就可以通过地图上的网格知道我必须向右走两格，向下走两格。

但你无法仅凭网格细胞获知某个位置有什么。例如，如果我告诉你，你在地图上的位置是A6，但这个信息并不能告诉你你会在那里发现什么。要知道位置A6处有什么，你需要看一下地图，看看相应的方格中印有什么。位置细胞就像印在方格中的细节信息。哪些位置细胞会变得活跃，取决于老鼠在某个特定位置感觉到了什么。位置细胞会根据感觉输入告诉老鼠它在哪里，但位置细胞并不能规划下一步移动——这需要网格细胞。这两种类型的细胞一起工作可以为老鼠所处的环境创建一个完整的模型。

每当老鼠进入一个环境，网格细胞就会创建一个参考系。如果这是一个全新的环境，网格细胞就会创建一个新的参考系。如果老鼠认出了这个环境，网格细胞就会重建之前使用过的参考系。这个过程类似于你进入一个城镇。如果你环顾四周，发现你以前来过这里，你就会拿出该镇的地图；如果你没有来过这里，你就会拿出一张白纸，画一幅新的地图。当你在镇上走动时，你会在地图上写下你在每个地方看到的每一样东西。这就是网格细胞和位置细胞的作用。它们会为每个环境创建独特的地图。当老鼠移动时，活跃的网格细胞和活跃的位置细胞就会不断变化以反映新的位置。

人类大脑中也有网格细胞和位置细胞。除非你完全迷失了方向，否则你总能意识到你在哪里。我现在正站在我的办公室里。即使我闭上眼睛，我的位置感仍然存在，而且会继续识别出我在哪里。闭上眼睛，我向右走了两步，就能感受到我在房间里的位置发生了变化。我大脑中的网格细胞和位置细胞已经创建了办公室的地图，即使我闭着眼睛，它们也能追踪到我在办公室里的位置。当我走动时，一些活跃的细胞会不断变化以反映我的新位置。人类、老鼠乃至所有哺乳动物都利用同样的机制来获取自身所在的位置。我们都有网格细胞和位置细胞，这些细胞为我们去过的地方构建模型。

新脑中的地图

2017 年，当我们在写关于新皮质中的位置和参考系的论文时，我对位置细胞和网格细胞已经有了一些了解。我意识到，知道我的手指相对于咖啡杯的位置类似于知道我的身体相对于一个房间的位置。我的手指在绕着杯子移动，就像我的身体在房间里移动一样。我意识到，新皮质中可能有与海马和内嗅皮质类似的神经元。这些新皮质中的位置细胞和网格细胞学习物体模型的方式，将与旧脑中的位置细胞和网格细胞学习环境模型的方式类似。

鉴于位置细胞和网格细胞在基本导航中的作用，我们几乎可以肯定它们在进化过程中比新皮质更早出现。因此，我认为新皮质利用网格细胞的衍生物创建参考系，比它从头进化出一个新机制的可能性更大。但在 2017 年，我们还不知道是否有任何证据表明新皮质有类似于网格细胞或位置细胞的东西，这只是一个猜想。

2017 年，在论文通过审核后不久，我们了解到近年来的一些实验表明，新皮质的部分区域可能存在网格细胞（我将在第 7 章中讨论这些实验），这很令人鼓舞。对有关网格细胞和位置细胞的文献研究得越多，我们就越有信心得出这样的结论：具有类似功能的细胞存在于每根皮质柱中。我们在 2019 年发表的一篇论文中首次提出了这个论点，论文《基于新皮质中网格细胞的智能和皮质功能框架》（*A Framework for Intelligence and Cortical Function Based on Grid Cells in the Neocortex*）。

同样，要学习一个物体的完整模型，你既需要网格细胞，也需要位置细胞。网格细胞会创建一个参考系以明确位置，规划移动。但你也需要感觉信息，这些信息由位置细胞表征，将感觉信息输入与参考系中的位置联系起来。

新皮质中的映射机制并不是对旧脑中映射机制的完全复制。有证据表明，新皮质使用同一种基本的神经机制，但它在很多方面都是不同的。这个过程就像是大自然将海马和内嗅皮质压缩到了最小，然后制作了数以万计的副本，并将它们并排排列在一根皮质柱中，从而形成新皮质。

旧脑中的网格细胞和位置细胞主要追踪一个物体的位置，这个物体就是身体。它们知道身体在当前环境中的位置。但新皮质大约有 15 万个这样的副本，每根皮质柱都有一个。因此，新皮质可以同时追踪成千上万个位置。例如，你的每一小块皮肤和每一小块视网膜中的新皮质都有自己的参考系。你的 5 个指尖接触一个杯子，就像 5 只老鼠在探索一个箱子。

大脑地图的使用方式

那么，大脑中的模型是什么样子的？新皮质是如何将数百个模型塞进 1 平方毫米这么小的区域中的？为了理解这一点，让我们再次以纸质地图做类比。假设我有一幅小镇的地图，我把它摊开放在桌子上，这幅地图由行（A–J 行）和列（1–10 列）分成 100 个方格。A1 在左上方，J10 在右下方。每个方格中都印有我在这个小镇里可能看到的东西。

我拿起一把剪刀，剪下地图中的每一个方格，并标上它的网格坐标：B6、G1 等。我还在每个方格上标上“1 号小镇”。然后我又为另外 9 幅地图做了同样的标记，每幅地图代表一个不同的小镇。我现在有 1000 个方格：10 个小镇中的每一个都有 100 个地图方格。我把这些方格混洗一下，摞在一起。虽然这摞里有 10 幅完整的地图，但我每次只能看到一个地点。现在有人把我的眼睛蒙上，把我扔在 10 个小镇中的一个随机地点。摘下眼罩，我环顾四周。起初，我不知道自己在哪里。然后，我发现自己正站在一个喷泉前，喷泉旁边是一个在看书的女性雕塑。我翻开我的地图方格，一次一个，直到我看到一个显示这个喷泉的地图方格。这个地图方格标记的是“3 号小镇，位置 D2”。现在我知道我在哪个小镇，也知道我在这个小镇的什么地方了。

接下来我可以做这几件事。例如，我可以预测如果我开始走动会看到什么。我现在所在的位置是 D2，如果我向东走，就会到达 D3。我在一堆地图方格中搜索，找到标有“3 号小镇，位置 D3”的方格。它显示的是一个操场。通过这种方式，我可以预测如果我向某个方向移动会遇到什么。

也许我想去镇上的图书馆。我可以从地图方格中搜索，直到看到一个显示在 3 号小镇上的图书馆。这个方格上的标记为 G7。鉴于我的位置处在 D2，我计算出我可以向东走 3 个方格，向南走 5 个方格才能到达图书馆。我可以选择几条不同的路线到达那里，利用地图方格，一次一个，我可以想象我在任何特定的路线上会遇到什么。最终，我选择了一条经过冰激凌店的路线。

现在考虑一个不同的场景。当我被扔在一个未知的地方，摘下眼罩后，我看到了一家咖啡店。但当我翻看一堆地图方格时，我发现有 5 个方格显示的是类似的咖啡店。其中 2 个咖啡店在同一个镇上，另外 3 个在不同的镇上。我可能处在这 5 个地方中的任何一个。我应该怎么做？我可以通过移动来消除这种不确定性。我看了看这 5 个方格，然后算了算如果我从每个方格的位置向南走会看到什么。每次的答案都是不同的。为了弄清我在哪里，我就真的向南走了。我在那里找到的东西消除了这种不确定性。现在我知道我在哪里了。

这种使用地图方格的方式与我们通常使用地图的方式不同。首先，这堆地图方格包含了所有地图。通过这种方式，我们利用这堆地图方格来弄清楚我们在哪个镇上，以及我们处在这个镇上的哪个位置。

其次，如果我们不确定自己的位置，就可以通过移动来确定我们所处的小镇和位置。这与你把手伸进一个黑盒子里，用一根手指触摸一个未知的物体时的情况相似。只通过一次触摸，你可能无法确定你摸到的是什么物体，也许需要通过多次移动手指才能做出判断。通过移动，你同时确定了两件事：当你意识到你触摸的是什么物体时，你也能知道你的手指处在物体上的位置。

最后，这个系统可以扩展到处理大量的地图，而且速度很快。在纸质地图的类比中，我描述了一次看一个地图方格的情况。如果你有很多地图，这可能就需要花费很多时间。然而，神经元使用的是所谓的“联想记忆”（associative memory）。虽然细节在这里并不重要，但它使神经元可以一次搜索所有的地图方格。神经元搜索 1000 个地图和搜索一个地图所需的时间是一样的。

新皮质中的地图模型

现在，让我们考虑一下新皮质中的神经元是如何实现类地图模型的。我们提出的理论认为，每根皮质柱都可以学习完整的物体模型。因此，每根皮质柱，即新皮质的每平方毫米，都有它自己的一组地图方格。至于皮质柱是如何做到这一点的，情况就比较复杂，我们目前还未完全了解，但已经基本了解了。

回顾一下，一根皮质柱有多层神经元，其中几层会被用来创建地图方格。图 5-1 是一个皮质柱模型的简化图，帮助你了解我们认为皮质柱中会发生的事情。

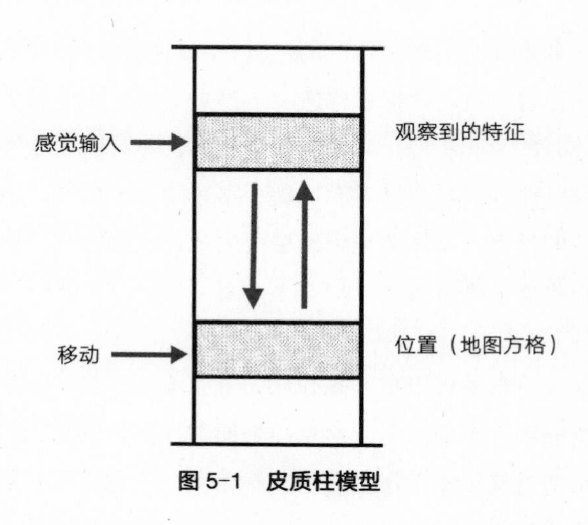

图 5-1　皮质柱模型

图 5-1 表示一根皮质柱中的两层神经元（阴影框）。虽然一根皮质柱很小，大约只有 1 毫米宽，但其中的每一层都大约有 10 000 个神经元。

上层神经元接收皮质柱的感觉输入。当一个感觉输入到达时，它会使几百个神经元变得活跃起来。在纸质地图的类比中，上层神经元表示你在某个地点观察到的东西，如喷泉。

下层神经元表示你在参考系中的当前位置。在纸质地图的类比中，下层神经元表征一个地点，如“3 号小镇，位置 D2”，但并不表征在那里观察到的东西。它就像一个空白的方格，只标记“3 号小镇，位置 D2”。

两个垂直箭头表示空白地图方格（下层）和在该地点（上层）看到的东西之间的联系。向下的箭头表示一个观察到的特征，如喷泉，是如何与一个特定小镇的特定地点联系起来的。向上的箭头将一个特定的地点，如“3 号小镇，位置 D2”，与一个观察到的特征联系起来。上层大致相当于位置细胞，下层大致相当于网格细胞。

学习一个新的物体，如咖啡杯，主要是通过学习这两层之间的联系（两个垂直箭头所示）来完成的。换句话说，像咖啡杯这样的物体是由一组观察到的特征（上层）及与之相关联的杯子上的一组位置（下层）来定义的。如果你知道这个特征，那么你就可以确定其位置。如果你知道这个位置，你就可以预测其特征。

基本的信息流如下：一个感觉输入到达，由上层的神经元表征，这会激活下层中与感觉输入相关的位置神经元。当移动发生时，如移动手指，那么下层就会变为预期的新位置，从而实现对上层的下一个感觉输入的预测。

如果原始的感觉输入是不确定的，如咖啡店，那么神经网络就会激活下层的多个位置，例如，所有存在咖啡店的位置。如果你用一根手指触摸咖啡杯的边缘，就会出现这种情况。许多物体都有边缘，所以你一开始并不能确定你触摸的是什么物体。当你移动时，下层会改变所有可能的位置，然后在上层做出多个预测。下一个感觉输入将排除不匹配的位置。

我们在软件中模拟了这个双层回路模式，对每层的神经元数量做了真实的假设。模拟显示，皮质柱不仅可以学习物体的模型，而且每根皮质柱可以学习数百个模型。我们在 2019 年发表的论文《新皮质中的位置：利用皮质网格细胞的感觉 - 运动物体识别理论》（*Locations in the Neocortex: A Theory of Sensori-motor Object Recognition Using Cortical Grid Cells*）中对神经机制和模拟进行了描述。

新皮质的方向感

皮质柱还需要做其他事情才能学习物体的模型，例如，需要有对方向的表征。假设你知道你在哪个城市，并且知道你在这个城市中的位置。现在我问你："如果你向前走一条街，你会看到什么？"你会反问道："那我现在正朝哪个方向走？"仅知道你的位置并不足以预测你行走时将会看到什么，你还需要知道你正朝向哪个方向，即你所在的方位。要预测你在某一特定地点会看到什么，也需要方向。例如，站在街角处，当你面朝北时，你可能会看到一个图书馆，而当你面朝南时，你可能会看到一个操场。

旧脑中有一些神经元叫作头朝向细胞（head direction cell）。顾名思义，这些细胞表示一个人的头部所朝的方向。头朝向细胞的作用就像一个指南针，但它与磁北[①]无关，而是与房间或周围环境保持一致。如果你站在一个熟悉的房间里，闭上眼睛，你依然会保留一种方向感，即你正朝着哪个方向。如果你转动身体，同时保持闭眼，你的方向感就会改变。这种感觉实际上是由你的头朝向细胞造成的。当你转动身体时，你的头朝向细胞就会改变，以反映你在房间里的新方向。

皮质柱中一定有与头朝向细胞功能类似的细胞。我们用更通用的术语“方向细胞”（orientation cell）来指代它。想象一下，你正在用食指触摸咖啡杯的边缘。手指上的实际触觉取决于手指的方向。例如，你可以使你的手指在同一位置围绕接触点旋转。当你这样做时，手指上的触觉也会发生变化。因此，为了预测其输入，皮质柱必须有对方向的表征。为了简单起见，我没有在图 5-1 中显示方向细胞和其他细节。

总而言之，我们认为每根皮质柱都在学习物体的模型。这些皮质柱利用与旧脑学习环境模型相同的基本方法来完成这件事情。因此，我们的观点是，每根皮质柱都分别有一组功能上相当于网格细胞、位置细胞和头朝向细胞的细胞，上述三类细胞最初都是在旧脑的某些部分中被发现的。我们是通过逻辑推理得出的这种假设。在第 7 章中，我将给出更多的实验证据来支撑我们的观点。

不过我们先把注意力转向整个新皮质。回顾一下，每根皮质柱都很

① 磁北是指南针所指示的北，这主要是由于地球的磁场两极与地理上的南北两极不重合，因此指南针指示的北为磁北而非真北，磁北会随着时间而变化。——编者注

小，大约只有一根细的意大利面那么宽，而新皮质则很大，大约有一张桌布那么大。因此，人类的新皮质中大约有 15 万根皮质柱，而并非所有的皮质柱都在为物体建模。那么，其余的皮质柱在做什么呢？第 6 章将揭晓答案。

A THOUSAND BRAINS

大脑中的参考系

人类出色的认知功能是区分我们与灵长目动物的最显著的特点。我们的视觉和听觉能力与猴子类似，但只有人类才能使用复杂的语言，制造诸如计算机等复杂的工具，并且能够论证进化、遗传学和民主等概念。

芒卡斯尔认为，人类大脑新皮质中的每一根皮质柱都具备相同的基本功能。倘若如此，那么语言和其他高级认知能力在某些基本层面上就与视觉、触觉和听觉等是一样的。然而这并不是显而易见的，我们阅读莎士比亚的作品似乎并不像拿起一个咖啡杯那样轻松，但这就是芒卡斯尔理论的含义。

芒卡斯尔认为大脑中的皮质柱并不完全相同。例如，从手指获取信息输入的皮质柱与理解语言的皮质柱之间存在着实质性差异，但相似之处要多于差异之处。因此，芒卡斯尔推断，人类一些基本的认知和行为必然与大脑新皮质密切相关，这不仅包括感知，还包括所有我们认为与智能相关的事物。

许多人很难接受视觉、触觉、语言和哲学等不同能力在本质上是相同的这一观点。芒卡斯尔并没有指出这个共同点是什么，人们也很难想象它可能会是什么，因此很容易忽略或直接否定芒卡斯尔的这个观点。例如，语言学家通常会把语言和所有其他认知能力区分开，倘若他们接受了芒卡斯尔的理论，就可能会通过寻找语言和视觉之间的共性从而更好地理解语言。对我来说，芒卡斯尔的这个观点简直太令人兴奋了，而且我发现绝大多数实证证据都支撑他的这个观点。因此，我们面临着一个很有趣的难题：到底什么样的功能或算法可以创造人类智能的方方面面？

到目前为止，我已经阐述了皮质柱如何学习诸如咖啡杯、办公椅和智能手机等实物模型的理论。该理论表明，皮质柱为每个观察到的物体都创建了参考系。回想一下，参考系就像一个围绕并附着在某物上的不可见的三维网格。参考系的存在，使皮质柱学习那些定义物体形状的特征的位置成为可能。

用更抽象的术语来说，我们可以将参考系视为一种能够组织任何知识的方式，比如一个咖啡杯的参考系对应于我们可以触摸和看到的实物。然而，参考系也可用于我们无法直接感知到的事物，组织与之相关的知识。

想想所有那些你了解的但并没有直接体验过的事物。例如，如果你学过遗传学相关知识，那么你肯定知道 DNA 分子。你能想象它们的双螺旋结构，知道它们如何使用核苷酸的 ATCG 密码子去编码氨基酸序列，并且了解 DNA 分子是如何通过解链进行复制的。显而易见，没有人能够直接看见或接触 DNA 分子，因为它们实在是太微小了。通过制作图像和模型，我们能更好地理解 DNA 分子，仿佛我们能够亲眼看见和触摸到它们。这使我们能够将 DNA 分子的相关知识存储在参考系中，如同我们处理有关咖啡杯的知识一样。

这个技巧我们会用于所知道的大部分事物。例如，我们对光子了解很多，对银河系也了解很多。同样，我们想象这些事物，就好像能够亲眼看到和触摸到一样，因此可以使用参考系机制来组织我们对它们所知的事实，而我们使用的参考系正是用于日常生活中实物的参考系。但是人类知识可以扩展到那些不可见的事物。比如，我们了解民主、人权和数学等概念。我们知道关于这些概念的许多事实，但无法以类似三维物体的方式来组织这些事实。我们无法轻易塑造民主这个概念的形象。

但是概念性知识必然会有某种特定的组织形式。民主和数学等概念不仅仅是事实的堆砌。我们能够对它们进行论证，并预测如果以一种或另一种方式进行论述，接下来会发生什么。我们能够这样做表明，概念性知识也必定存储在参考系中。不过我们可能无法将这些参考系简单地等同于用于咖啡杯和其他实物的参考系。例如，对某些特定概念最有用的参考系可能具有三个以上的维度。我们无法将大于三个维度的空间可视化，但从数学的角度来看，它们与具有三个或更少维度的空间的工作方式是相同的。

大脑使用参考系管理所有知识

我在本章探讨的假设是，大脑使用参考系来管理所有知识，并且思考是移动的一种形式。当我们激活参考系中连续的位置时，思考就会产生。该假设可以分成几个部分。

参考系在新皮质中无处不在

这个前提表明，新皮质中的每一根皮质柱都具有可以创建参考系的细胞。我在前文中已经指出，实施此操作的细胞与从旧脑中发现的网格细胞和位置细胞相似，但不完全相同。

参考系用于为我们所知道的一切建模，而不仅仅是实物

新皮质中的皮质柱其实就是一堆神经元。皮质柱并不“知道”其输入表征的是什么，事先也不清楚应该学习什么。皮质柱只是一种由神经元构建而成的机制，它会盲目地尝试去为那些导致其输入发生变化的所有结构建模。

之前我曾假设，大脑首先进化出了参考系来学习环境模型，我们因此可以在世界上自由行走。然后，大脑进化到可以使用相同的机制来学习实物的模型，我们从而能够识别和操纵它们。现在，我认为大脑又一次进化到可以使用相同机理来学习和表征概念性对象背后的模型，例如数学和民主。

所有知识都存储在与参考系相关联的位置

参考系不是智能的任一组成部分，它是所有信息在大脑中的存储结构。你所知道的每一个事实都与参考系中的一个位置相对应。要想成为历史等领域的专家，你需要将历史事实与适当参考系中的位置匹配起来。

以这种方式组织知识使事实具有了可操作性。回想一下地图的类比，通过将有关小镇的事实放置在类似网格的参考系上，我们可以确定实现某个目标所需采取的行动，如到达一个特定的餐厅。地图的统一网格使有关小镇的事实具有了可操作性。这个原理适用于所有知识。

思考是移动的一种形式

如果我们所知道的一切都存储在参考系中，那么为了回忆存储的知识，我们必须在适当的参考系中激活适当的位置。当神经元激活参考系中一个又一个位置时，思考就会产生，从而让人想起每个位置所存储的内容。我们在思考时所经历的一系列想法类似于我们用手指触摸物体时所感知的一系列感觉，或者我们在小镇上行走时所看到的一系列事物。

参考系也是实现目标的一种手段。正如地图可以使你弄清楚如何从你所在的位置到达新位置，新皮质中的参考系可以使你弄清楚应该采取哪些步骤来实现更多概念性目标，例如，解决工程问题或在工作中得到晋升。

虽然我们在一些已发表的研究论文中提到了这些关于概念性知识的想法，但没有将它们作为重点提及，我们也没有直接就此主题发表论文。因此，你或许会觉得本章比本书前面部分的内容推测性成分更多，但我不这么认为。虽然有很多细节我们还不了解，但我相信整体框架（概念和思维基于参考系）经得起时间的检验。

在本章接下来的部分中，我将首先探讨一个经过充分研究的新皮质的特征，即新皮质被分为 what 区域和 where 区域。通过这个讨论，我将展示皮质柱是如何通过简单改变其参考系来执行明显不同的功能的。然后，我将介绍更抽象、更具概念性的智能形式。我会提供支撑上述前提的实验证据，并举例说明该理论与数学、政治和语言这三个主题之间的关系。

大脑的两个视觉通路

大脑有两个视觉通路。如果你跟随视神经将信息从眼睛传播到新皮质，你会发现它通向两个并行的视觉系统，即 what 视觉通路和 where 视觉通路。what 视觉通路是一组皮质区，它从大脑的最后侧开始，并移动到两侧。where 视觉通路也是一组皮质区，它们也从大脑的后侧开始，但向上移动到顶部。

人们在半个多世纪前发现了 what 和 where 视觉通路。多年后，科学家意识到其他感觉中也存在类似的并行通路。视觉、触觉和听觉都具有 what 和 where 区域。

what 视觉通路和 where 视觉通路具有互补作用。例如，如果我们禁用某人的 where 视觉通路，那么他在看一个物体时可以告诉你该物体是什么，但他无法够到该物体。例如，他知道自己看到了一个杯子，但奇怪的是，他无法说出杯子在哪里。如果我们反过来禁用 what 视觉通路，那么这个人就可以伸手抓住物体。他知道该物体在哪里，但他无法确定它到底是什么，至少在视觉上无法确定。当他用手接触物体时，可以通过触觉识别出该物体。

what 区域和 where 区域中的皮质柱看起来是相似的。它们具有相似的细胞类型、细胞层和回路，那么为什么它们的工作方式会不同呢？what 区域中的皮质柱和 where 区域中的皮质柱到底有什么区别，从而导致它们具备不同的功能？你可能很想假设这两种类型的皮质柱在功能上存在一些差异。也许 where 区域中的皮质柱有一些其他类型的神经元或不同细胞层之间存在着不同的连接。你可能会认同 what 区域和 where 区域中的皮质柱看起来是相似的，但同时怀疑两个区域之间可能存在一些我们尚未发现的实质性差异。如果你持这个立场，那么你将否定芒卡斯尔的理论。

不过，否定芒卡斯尔的理论是没有必要的。我们已经给出了一个简单的解释，来说明为什么有些皮质柱是 what 柱而有些是 where 柱。what 柱中的皮质网格细胞将参考系附着到物体上。where 柱中的皮质网格细胞将参考系附着到你的身体上。

如果 where 柱可以说话，它可能会说："我已经创建了一个附着到身体上的参考系。利用这个参考系，我看着一只手，便知道它相对于身体的位置。然后我看着一个物体，便知道它相对于身体的位置。有了这两个位置信息，我就可以计算如何才能将手移到物体上。尽管我知道物体在哪里以及如何拿到它，但我无法识别它。我并不知道那个物体到底是什么。"

如果 what 柱可以说话，它可能会说："我已经创建了一个附着到物体上的参考系。利用这个参考系，我可以识别出那个物体是一个咖啡杯。我知道那个物体是什么，但我不知道它在哪里。”把 what 柱和 where 柱合二为一，我们便能识别出物体、拿到它并使用它。

为什么柱 A 将参考系附着到外部物体上而柱 B 将参考系附着到身体上呢？答案可能很简单，看看皮质柱的输入来自哪里。如果柱 A 获得的感觉输入来自一个物体，如手指触摸杯子的感觉，它就会自动创建一个附着到该物体的参考系。如果柱 B 获得的感觉输入来自身体，例如能检测四肢关节角度的神经元，那么柱 B 就会自动创建一个附着到身体的参考系。

在某种程度上，你的身体只是存在于世界上的另一个物体。新皮质使用相同的基本方法来为你的身体建模，就像为咖啡杯等物体建模一样。但是，与外部物体不同，你的身体是始终存在的。新皮质的很大一部分（即 where 区域）专门用于为你的身体和你身体周围的空间建模。

“大脑包含你整个身体的地图”这一观点并不新鲜。四肢运动需要运用以身体为中心的参考系同样不新奇。但我想说明的一点是，外观和操作相似的皮质柱可能会根据其参考系所附着的事物不同而执行不同的功能。鉴于这一点，将参考系机制应用于概念也并不算一个大的飞跃。

皮质柱如何为无法感知到的事物建模

说到这里，我已经在前文中描述了大脑如何学习具有实际形状的事物的模型。订书机、手机、DNA 分子、建筑物和你的身体都是客观存在的。这些都是我们可以直接感知到的东西，或者就像 DNA 分子一样，可以通过想象来感知。

然而，我们所了解的世界上的大部分事物都是无法直接感知到的，也可能不具有任何实际替代物。例如，我们无法触及诸如民主或素数之类的概念，但我们对这些概念了解很多。皮质柱又是如何为我们无法感知到的事物建模的呢?

首先，参考系不必附着到实物上。民主等概念的参考系需要自洽，但它可以相对独立于日常客观事物而存在。这就类似于我们为虚构的地点绘制地图。这样的地图需要自洽，但不需要位于地球上的某个特定位置。

其次，概念的参考系不必与实物（如咖啡杯）的参考系具有相同的数量或相同的维度类型。小镇中建筑物的位置用二维参考系来描述是最好的，咖啡杯的形状用三维参考系来描述是最好的。但是我们从参考系中获得的所有能力，如确定两个位置之间的距离和计算如何从一个位置移到另一个位置，也存在于具有四维或更多维的参考系中。

如果你很难理解某事物怎么会具有 3 个以上的维度，那我来做个类比。假设我想创建一个参考系，用来组织有关我认识的所有人的知识，我可能使用的一个维度是年龄。在这个维度上，我可以根据他们的年龄进行排列。我还可以使用的衡量标准是相对于我而言他们居住的地方，这需要两个维度。更多的维度可能是我与他们见面的频率，或者他们的身高。我在这里已经列出了多达 5 个维度。当然，这只是一个类比，并不是新皮质实际使用的维度。但我希望通过这个类比，让你发现 3 个以上的维度是很有用的。

新皮质中的皮质柱很可能事先对它应该使用什么样的参考系并没有概念。当一根皮质柱学习某事物的模型时，其中一部分学习是发现什么是好的参考系，包括维度的数量。

现在，我将回顾支撑我前面列出的 4 个前提的实验证据。这个研究领域的实验证据虽然不多，但还是有一些的，而且在不断增加。

位点法

记住清单上的物品的一个众所周知的技巧，被称作位点法，有时也被称作记忆宫殿，指的是想象将你想记住的物品放在家里的不同位置。为了回忆清单上的物品，你可以想象穿过整个房子，然后就能一点点回忆起每件物品。这种记忆技巧很有效，它表明当事物被分配到熟悉的参考系中的不同位置时，回忆起来会更容易。在这种情况下，参考系是你在大脑中为房子绘制的地图。请注意，回忆的行为是通过移动来实现的。你不需要真正移动你的身体，而是在大脑绘制的房子里移动。

位点法支撑前文列出的两个前提：信息存储在参考系中，信息的检索是移动的一种形式。该方法对于快速记忆清单物品非常有效，如记忆一组随机的名词。它之所以有效，是因为它将这些物品分配到先前已学习的参考系（你的房子）中，并利用先前已学习的移动（你通常在房子中移动的方式）进行记忆。然而，大多数时候，当你学习时，你的大脑会创建新的参考系。我们接下来会看到一个相关的例子。

找出有用的参考系

功能磁共振成像（fMRI）是一种探测活脑以检测它的哪些部分最活跃的技术。你可能已经看过功能磁共振成像的图像：这些图像显示了大脑的轮廓，其中一些部分显示为黄色和红色，表明拍摄图像时这部分消耗的能量最多。功能磁共振成像通常用于人类被试，因为该过程需要被试在执行特定脑力任务时完全静止地躺在嘈杂的大型机器窄管内。通常，被试会一边遵循研究人员的口头指示，一边看着计算机屏幕。

功能磁共振成像的发明对某些类型的研究来说是一个福音，但对我们所做的研究通常并不是很有用。我们关于新皮质理论的研究基于对以下信息的了解：在任一时间点，哪些单个神经元处于活跃状态，以及活跃的神经元每秒变化次数。有一些实验技术可以提供这种数据，但功能磁共振成像技术缺少我们通常需要的空间和时间精度。功能磁共振成像能够检测许多神经元的一般活动，但无法检测持续时间不到一秒的活动。

因此，当我们得知由克里斯蒂安·多勒（Christian Doeller）、卡斯维尔·巴里（Caswell Barry）和尼尔·伯吉斯（Neil Burgess）进行的一项精彩的功能磁共振成像实验，表明新皮质中存在网格细胞时，我们感到既惊讶又欣喜。实验很复杂，但这些研究人员意识到网格细胞可能会表现出一种特征，这种特征可以使用功能磁共振成像检测到。他们必须先验证这项技术是否有效，因此检测了已知存在网格细胞的内嗅皮质。他们让人类被试在计算机屏幕上执行在虚拟世界中移动的导航任务，并且利用功能磁共振成像技术，能够在被试执行任务时检测到网格细胞活动。然后，他们把注意力转向了新皮质。当被试执行相同的导航任务时，他们使用功能磁共振成像技术观察新皮质的前额区域，并从中发现了相同的特征。这一点足以表明，新皮质中至少某些部分也存在网格细胞。

另一组科学家亚历山德拉·康斯坦丁内斯库（Alexandra Constantinescu）、吉尔·奥莱利（Jill O'Reilly）和蒂莫西·贝伦斯（Timothy Behrens）将功能磁共振成像这项新技术用于不同的任务。他们向被试展示了鸟的图像。这些鸟的脖子长度和腿的长度不同。研究人员要求被试执行与鸟相关的各种心理意象任务，例如，想象一只新的鸟，这只鸟结合了以前见过的两只鸟的特征。该实验不仅表明网格细胞存在于新皮质的前额区域，而且研究人员发现，有证据表明，新皮质将鸟的图像存储在类似地图的参考系中——一个维度代表脖子长度，另一个维度代表腿的长度。研究小组进一步证明，当被试想到鸟时，他们的大脑在为鸟绘制的地图上“移动”，就像你的大脑在为房子绘制的地图上移动一样。同样，这个实验也很复杂，但功能磁共振成像数据表明这部分新皮质通过类似网格细胞的神经元来了解鸟。参与本次实验的被试并不会意识到正在发生的这些情况，但成像数据说明了一切。

位点法利用先前已学习的地图，即房子的地图，来存储物品以供日后回忆。在鸟的例子中，新皮质绘制了一幅新地图，这幅地图适用于记住具有不同长度的脖子和腿的鸟这项任务。在这两个例子中，将物品存储在参考系中，并通过“移动”回忆起它们的这个过程是相同的。

如果所有知识都是以这种方式存储的，那么我们通常所说的“思维”实际上就是在一个空间、一个参考系中移动。你当前的想法，以及任何时刻存储在你大脑中的东西，都由参考系中的当前位置决定。因为位置在改变，所以存储在每个位置的物品一次被回忆起来一个。我们的想法也在不断变化，但这些变化不是随机的。我们接下来产生的想法取决于我们的思维在参考系中移动的方向，就像我们接下来会在小镇中看到的事物取决于我们从当前位置移动的方向一样。

学习咖啡杯所需的参考系可能很明显，它是杯子周围的三维空间。在功能磁共振成像实验中，学习鸟类所需的参考系可能不太明显，但是该参考系仍然与鸟类的身体属性有关，如腿和脖子。但是，对于经济学或生态学等概念，大脑应该使用什么样的参考系？起作用的可能是多个参考系，即使这些参考系的作用不尽相同，情况依然如此。

这是学习概念性知识可能比较困难的原因之一。如果我告诉你 10 件与民主有关的历史事件，你会如何排列它们？有些老师可能会按时间线的顺序展示这些事件。时间线是一维参考系，可用于评估事件的时间顺序以及哪些事件的发生可能因时间接近而存在因果关系。有些老师可能会按地理位置的顺序在世界地图上展示相同的历史事件。地图参考系显示了对相同事件的不同思考方式，例如，哪些事件可能因空间上彼此接近或因靠近海洋、沙漠或山脉而存在因果关系。时间线和地理位置都是组织历史事件的有效方式，然而它们引出了对历史的不同思考方式，从而可能会导致不同的结论和预测。

了解民主这个概念的最佳体系可能需要一幅全新的地图，一幅具有与“公平”或“权利”相关的多个抽象维度的地图。当然，我并不是说

“公平”或“权利”是大脑实际使用的维度。我指的是，要成为某个研究领域的专家，你需要找出一个好的框架来表征相关的数据和事实。可能不存在一个正确的参考系，两个人对同一事实的组织方式可能也不同。找出一个有用的参考系是学习中最困难的部分，尽管大多数时候我们并没有意识到这一点。我将用我之前提到的数学、政治和语言这三个例子来说明这一点。

数学

假设你是一名数学家，你想证明 OMG 猜想（这并不是一个真正的猜想）。猜想是一种被认为是正确的，但尚未得到证明的数学命题。为了证明一个猜想，你需要从一些已知为真的事情开始，然后应用一系列数学运算。如果你通过这个过程，得出了这个猜想的命题，那么你就成功地证明了它。通常情况下，这个过程会产生一系列中间结果。例如，由 A 开始，证明 B。由 B 开始，证明 C。最终，由 C 证明 OMG。假设 A、B、C 和最终的 OMG 都是方程，要由一个方程得到另一个方程，你必须执行一项或多项数学运算。

现在，我们假设在新皮质的参考系中表征了各种方程。通过乘法或除法等数学运算，你可以在此参考系中移到不同位置。执行一系列运算会将你带到一个新位置，得到一个新方程。如果你能确定一组运算——方程在空间中的移动，从 A 移到 OMG，那么你就成功地证明了 OMG。

解决复杂问题，比如数学猜想，需要经过大量的练习。在学习一个新的领域时，大脑不仅仅是存储事实。对于数学，大脑必须找出有用的参考系来存储方程和数字，并且必须了解数学行为（如运算和变换）是如何移到参考系内的新位置的。

对数学家来说，方程是熟悉的物体，就像你我看到智能手机或自行车一样。当数学家看到一个新方程时，他发现这个方程与以前推算过的方程相似，于是他很快就能意识到该如何运用新方程以推算出某些结果。如果我们看到一部新的智能手机，也会经历同样的过程。我们发现这部新手机与以前使用过的其他手机相似，从而意识到该如何操作新手机以达到想要的效果。

然而，如果你没有受过数学方面的训练，那么方程和其他数学符号对你来说就毫无意义。甚至即使你认出一个方程是你以前见过的方程，但如果没有参考系，你就不知道如何运用这个方程来解决问题。你可能会迷失在数学空间中，就像没有地图你可能会迷失在树林中一样。

数学家运用方程，探险家穿越森林，手指触摸咖啡杯，都需要类似地图的参考系来了解自己所处的位置以及需要实施哪些操作才能到达目的地。相同的基本算法是我们实施这些操作以及开展无数其他活动的基础。

政治

前面的数学例子是完全抽象的，但对于解决任何相对抽象的问题，过程都是一样的。例如，假设政治家想要颁布一项新法律。他们已经拟写了该法律的草案，但要达到正式颁布的最终目标需要实施多个步骤。

一路上会有很多障碍，所以政治家会思考他们可能会采取的所有不同的行动。有经验的政治家知道，如果他们召开新闻发布会，或强制公投，或撰写政策文件，或为另一项法案提供贸易支持，可能会发生什么。他们已经学会了运用政治中的一套参考系。参考系的一部分是所采取的政治行动将如何在参考系中改变位置，政治家会想象如果他们做这些事情，结果会怎么样。他们的目标是采取一系列行动来引导他们达到预期的结果，即颁布新法律。

政治家和数学家并不知道他们是在使用参考系来组织知识，就像你我也不知道我们在使用参考系理解智能手机和订书机一样。我们不会四处去问:“有人可以推荐一个参考系来组织这些事实吗？”我们会说:“我需要帮助，我不明白如何解决这个问题。”或者“我很困惑，你能教我怎么用这个东西吗？”或者“我迷路了，你能告诉我怎么去食堂吗？”当我们无法为面前的事实找出一个参考系时，我们就会问这些问题。

语言

语言可以说是人类有别于所有其他动物最重要的认知能力。如果不具备通过语言分享知识和经历的能力，现代社会几乎就不可能存在。

尽管已经有了很多论述语言的图书，但我尚未发现有哪本书试图阐释语言是如何通过大脑中的神经回路产生的。语言学家通常不会涉足神经科学，尽管一些神经科学家会研究与语言相关的大脑区域，但他们无法就大脑如何创造和理解语言提出一套详细的理论。

语言与其他认知能力是否存在本质区别，这一点一直存在争论。语言学家倾向于将语言描述为一种独特的能力，不同于我们所做的其他任何事情。如果这是真的，那么大脑中负责生成和理解语言的区域看起来应该是不同的。在这种情况下，神经科学是模棱两可的。

据说新皮质中有两个中等大小的区域负责生成和理解语言。人们认为韦尼克区（Wernicke's area）负责语言理解，而布罗卡区（Broca's area）负责语言生成。这么说有点儿过于简单了。首先，人们在这些区域的确切位置和范围这一点上存在分歧。其次，韦尼克区和布罗卡区的功能并非明显分为语言理解和语言生成，二者之间是有点儿重叠的。最后，语言的两个方面不可能孤立存在于新皮质的两个小区域，这一点应该是显而易见的。我们会使用口语、书面语和手语。韦尼克区和布罗卡区并不直接从感官获得信息输入，所以语言的理解还必须依赖听觉区和视觉区，语言的生成必须依赖不同的运动能力。生成和理解语言需要大面积的新皮质共同作用。虽然韦尼克区和布罗卡区起着关键作用，但将它们孤立地视为生成和理解语言的区域是错误的。

关于语言，令人惊讶的一点是，韦尼克区和布罗卡区仅位于大脑的左侧，这表明语言可能与其他认知功能有所不同。大脑右侧同一位置的区域仅与语言略有关联。除此之外，新皮质的其他功能几乎都发生在大脑的两侧。语言功能区独特的不对称性表明，韦尼克区和布罗卡区之间存在一些差异。

为什么语言功能只在大脑的左侧发生，也许存在一种简单的解释，那就是语言需要快速处理，而大多数新皮质中的神经元处理语言的速度太慢。众所周知，韦尼克区和布罗卡区的神经元具有额外的绝缘层（称为髓鞘），这可以使神经元运行得更快，从而满足语言处理的速度需求。语言区在其他方面与新皮质也存在明显的差异，例如，据研究，与大脑右侧同一位置的区域相比，语言区中突触的数量和密度更大。但是拥有更多的突触并不意味着语言区会执行不同的功能，这可能只是意味着这些区域能够学到更多东西。

尽管存在一些差异，但韦尼克区和布罗卡区的解剖结构依然与新皮质的其他区域相似。我们目前掌握的事实表明，虽然这些语言区也许在细微之处有些不同，但细胞层的整体结构、连接度和细胞类型与新皮质的其他区域都是相似的。因此，语言背后的大多数机制可能与其他认知和感知功能对应的机制是一样的。这可以作为我们提出的一种假设，直到有证据能证明它为止。那么，皮质柱建模的能力（包括参考系）是如何为语言提供基础的呢？

根据语言学家的说法，语言的一个明显属性是嵌套结构。例如，句子由短语组成，短语由单词组成，单词由字母组成。递归，即重复运用规则的能力，是语言的另一个明显属性。凭借该属性，我们可以构建几乎无限复杂的句子。例如，简单的句子“汤姆要了更多的茶”，可以扩展为“在汽车店工作的汤姆要了更多的茶”，后者还可以进一步扩展为“在旧货店旁边的汽车店工作的汤姆要了更多的茶”。语言中递归的确切定义仍存在争议，但总体概念并不难理解。句子可以由短语组成，而这些短语也可以由其他短语组成，依此类推。人们一直认为嵌套结构和递归是语言的关键属性。

然而，嵌套结构和递归并不是语言所独有的属性。事实上，世界上的所有事物都是通过这种方式组成的。就拿侧面印有 Numenta 标志的咖啡杯来说吧，杯子本身具有嵌套结构：它由圆形杯身、手柄和标志组成，标志由图形和文字组成，图形由圆圈和线条组成，Numenta 一词由音节组成，而音节由字母组成。物体也具有递归属性。例如，假设 Numenta 标志里包含一张咖啡杯的图片，这张图片上面印有 Numenta 标志，而 Numenta 标志上又印有咖啡杯的图片，如此循环往复。

根据早期研究，我们发现每根皮质柱都必须能够学习嵌套结构和递归。这是学习像咖啡杯这类物体的结构以及学习数学和语言等概念的结构所必须具备的条件。我们提出的所有理论都必须能够解释皮质柱是如何做到这一点的。

想象一下，在过去的某个时候，你了解了咖啡杯的外观，后来，你也了解了 Numenta 标志的外观。但是你从来没有在咖啡杯上看到过这个标志。现在我向你展示一个新的侧面带有 Numenta 标志的咖啡杯。你可以快速了解这个新的组合物体，通常只需看一两眼。请注意，你的大脑无须重新学习 Numenta 标志或咖啡杯。我们所知道的有关咖啡杯和 Numenta 标志的所有信息很快都包含在了新物体中。

这是怎么发生的呢？在皮质柱内，先前学习的咖啡杯由参考系定义，先前学习的标志也由参考系定义。为了学习印有标志的咖啡杯，该皮质柱创建了一个新的参考系，其中存储了两条信息：一个指向先前学习的杯子参考系的链接，一个指向先前学习的标志参考系的链接。大脑只需要借助少量额外的突触，就可以快速做到这一点。这有点像在文本文档中使用超链接。假如我写了一篇关于亚伯拉罕·林肯的文章，我提到他发表了一篇名为“葛底斯堡演说”（*Gettysburg Address*）的著名演讲。通过将“葛底斯堡演说”这个词变成完整演讲的链接，我便可以将整篇演讲的详细内容作为我的文章的一部分，而无须重新输入这些细节内容。

我在前文中说过，皮质柱在参考系的位置中存储特征。“特征”这个词有点模糊。准确来说，皮质柱为它学习的每个物体创建参考系，然后这些参考系布满了指向其他参考系的链接。大脑使用由参考系填充的参考系为世界建模。从始至终，这个过程使用的都是参考系。在 2019 年发表的论文《基于新皮质中网格细胞的智能和皮质功能框架》中，我们论述了神经元是如何做到这一点的。

要完全了解新皮质的功能，我们还有很长的路要走。但是，据我们所知，每根皮质柱都使用参考系为物体建模这一观点与语言功能的需求是一致的。也许在不久的将来，我们会需要一些特殊的语言回路，但就目前而言，情况并非如此。

好的参考系是成为专家的关键

到目前为止，我已经介绍了参考系的四种用途，一种用于旧脑，三种用于新皮质。旧脑中的参考系学习环境地图。新皮质里 what 柱中的参考系学习实物地图。新皮质里 where 柱中的参考系学习我们身体周围空间的地图。此外，新皮质里非感觉皮质柱中的参考系学习概念地图。

要成为任一领域的专家，你都需要有一个好的参考系，一张好的地图。两个人观察同一个物体很可能会得到相似的地图。例如，很难想象观察同一把椅子的两个人的大脑会对椅子的特征做出不同的总结。但是在思考概念时，从相同事实开始的两个人可能会以不同的参考系结束。不妨回忆一下排列历史事件的例子。有人可能会根据时间线排列事件，而有人可能会根据地理位置排列事件。同样的事件可以引出不同的模型和不同的世界观。

成为专家主要是要找到一个好的参考系来组织事件和观察数据。爱因斯坦与他同时代的人一样，都从相同的事件开始。然而，他找到了一种更好的方式来组织这些事件，也就是形成了一个更好的参考系，这使他能够运用类比并做出令人惊讶的预测。爱因斯坦有关狭义相对论的发现最令人着迷的一点是，他所运用的参考系都是日常物体。他想到了火车和手电筒，从科学家的经验观察开始，如绝对光速，并使用日常参考系来推导出狭义相对论的方程。正因如此，几乎所有人都可以按照他的逻辑来理解他是如何得出这些发现的。相比之下，爱因斯坦的广义相对论需要基于“场方程”（field equation）这个数学概念的参考系，这些概念不容易与日常物体关联起来。爱因斯坦发现这更难理解，其他人几乎也是这么认为的。

1978 年，当芒卡斯尔提出所有感知和认知的背后都有一个通用算法时，人们很难想象什么样的算法足够适用，能够满足所有要求。我们很难想象会有一个过程可以解释我们认为的所有智能，从基本的感官知觉到最高和最受推崇的智能形式。现在我很清楚，常见的皮质算法是基于参考系的。参考系为学习世界的结构、物体的位置以及这些物体移动和变化的方式提供了基础。参考系不仅可以用于我们能够直接感知到的实物，还可以用于我们看不到或感觉不到的物体，甚至是没有物理形式的概念。

你的大脑中大约有 15 万根皮质柱。每根皮质柱都是一个学习机器，都通过观察信息输入如何随时间变化来学习其预测模型。皮质柱不知道它在学习什么，也不知道它构建的模型表征的是什么。整件事和由此产生的模型都建立在参考系的基础之上。正确理解大脑如何工作的参考系是参考系本身。

A THOUSAND BRAINS

千脑智能理论

自成立之初，Numenta 公司就期望发展一种普适的理论，论述大脑新皮质是如何工作的。神经科学家每年都会发表数千篇论文描述有关大脑的各种细节，却缺乏一条系统的理论将这些细节串起来。我们决定先关注单根皮质柱。皮质柱物理结构复杂，工作方式也很复杂。在不了解单根皮质柱工作方式的情况下（我在第 2 章讲过类似分层的模式），就探究它为何无序地连接在一起，就如同在对人类一无所知的情况下，研究社会的工作方式一样，这种做法显然毫无意义。

现在，我们对皮质柱的功能已有了很多了解。我们知道了，每根皮质柱都是一个感觉 - 运动系统，每根皮质柱都会学习成百上千个物体模型，这些模型都是基于参考系的。一旦我们了解了皮质柱的运行机制，整个新皮质的工作方式就和我们之前所认为的截然不同了。这种新的观点就叫作“千脑智能理论”。

在阐释什么是千脑智能理论之前，我们得先知道它取代了什么。

现有的新皮质理论

在现有的大脑新皮质理论中，最普遍的看法是新皮质就像一个流程图。感觉信息逐步经过处理从新皮质的一个区域传递到下一个区域。科学家称之为特征检测器的一层。人们通常是从视觉的角度来描述这个过程的：视网膜上的每个细胞从图像的某一小部分检测到光的存在，再将光的输入映射到新皮质上。新皮质中最先接收到该输入的区域叫作 V1 区。V1 区的每个神经元只从视网膜的某一小部分接收输入，这就像透过一根吸管看整个世界。

事实表明，V1 区的皮质柱并不能识别物体的全貌。这样 V1 区的功能就具有局限性了，它只能检测微小的视觉特征，如某张图片局部的线条、边界等。接着，V1 区的神经元将这些特征传递到新皮质的其他区域。下一个视觉区叫作 V2，它把从 V1 区接收的简单信息聚合成更复杂的特征，如角点或弧形。这个过程会在更多区域中重复更多次，直到神经元能够理解整个物体。有种设想认为，从简单特征到复杂特征再到整个物体的这个过程，在触觉和听觉中同样适用。这种认为新皮质是特征检测器的一层的理论已盛行了半个多世纪。

该理论最大的弊端在于认为视觉是个静止的过程，就像拍一张照片一样，但事实并非如此。眼睛每秒会快速转动约三次（扫视）。每次扫视时，眼睛传递到大脑的信息完全不同。我们每次向前走或左右摇头时，视觉输入也会改变。特征检测器理论则忽略了这些变化，认为视觉输入似乎就是一次拍一张照片，然后再给照片贴个标签。哪怕是随意的观察也表明，视觉是个互动的过程，依赖移动。例如，要了解一个新的物体长什么样，我们需要把它握在手里，不断旋转，从不同角度来观察它的样子。只有通过移动，新皮质才能学习一个物体的模型。

许多人之所以会忽略视觉动态的一面，原因之一是，我们有时不移动眼睛就能识别出图像，如在显示屏上短暂闪过的图片，但这只是一个特例，并不普遍。正常情况下，视觉是主动的感觉－运动过程，不是静态过程。

对于触觉和听觉，感觉－运动过程的重要作用体现得更为明显。如果有人将一个物体放在你张开的手上，除非动一动手指，否则你将无法识别出它是什么。同理，听觉也是一个动态过程。不仅听觉内容（如口语会话）是由随时间变化的声音定义的，当我们聆听时，我们也会移动头部主动完善所听到的内容。目前尚不清楚特征层次理论是如何应用于触觉和听觉的。对于视觉层面，你至少可以想象大脑正在处理类似图片的图像，但对于触觉和听觉，就没什么可类比的了。

有很多其他研究表明，特征层次理论需要进一步完善。以下几个缺点均与视觉相关：

- 第一和第二视觉区（V1 和 V2）是人类新皮质中最大的区域。它们在大脑中所占面积比其他可识别完整物体的视觉区要大得多。为什么检测数量有限的小特征比识别数量多且完整的物体需要更多的大脑区域？在某些哺乳动物（如老鼠）中，这种失衡情况更为严重。老鼠的 V1 区占据了整个大脑新皮质的很大一部分。相比之下，老鼠大脑中的其他视觉区占比都很小，就好像老鼠几乎所有的视觉行为都发生在 V1 区中。

- 当研究人员将图像投射到被麻醉的动物眼前并同时记录 V1 区神经元的活动时，发现了 V1 区的特征检测神经元。他们发现，神经元在检测到一些简单的特征时，如检测到图片中一小部分的边缘时，会变得异常活跃。由于神经元仅在很小的区域内对简单的特征做出反应，研究人员认为完整的物体必然是在其他区域被识别出来的，从而引出了特征层次模型。但在这些实验中，V1 区的大多数神经元并没有对任何明显的物体做出反应，它们可能会不时地发射脉冲，或者连续发射脉冲，一段时间后停止。大多数神经元无法用特征层次理论来解释，因而它们大多被忽略了。但 V1 区所有无法解释的神经元一定发挥着重要的作用，而不仅仅是特征检测。

- 当眼睛从一个注视点扫视到另一个注视点时，V1 区和 V2 区的一些神经元的某些行为引起了研究人员的注意。在视线移到新的注视点之前，这些神经元似乎就知道它们将会看到什么。尽管视觉输入还没有进入视野，这些神经元就已经变得活跃起来，仿佛它们已经可以看到新的视觉输入。发现该现象的科学家非常震惊。这一现象表明，V1 区和 V2 区的神经元不只了解物体某一小部分的知识，还能知道它们即将看见的整个物体的知识。

- 视网膜的中央比边缘有更多的光感受器。我们可以将眼球想象成一个拥有鱼眼镜头的照相机。实际上，视网膜的某些部分没有光感受器，例如，眼球中视神经穿过的地方和视网膜中血管穿过的地方，会形成盲点。因此，我们并不能将新皮质的视觉输入简单类比为一张照片。真正的视觉输入就好比由高度变形的、不完整的图块铺成的毯子。然而，我们并没有意识到这种变形和缺失的部分，因为我们所感知的世界是一致且完整的。特征层次理论并不能解释上述现象，我们将该问题称为“绑定问题”（binding problem）或“感官融合问题”（sensor-fusion problem）。更通俗点来说，绑定问题探究的是：来自不同感官的信息分散在新皮质的各处，且伴有各种各样的变形，这些信息是怎样融为我们所体验到的单一且完整的知觉的？

- 正如我在第 1 章中所指出的，尽管新皮质各功能区之间的某些连接呈现流程图式逐步分层的结构，但大多数连接并非如此。例如，低层次的视觉区和低层次的触觉区之间也存在连接。但从特征层次理论的角度来看，这些连接并没有什么意义。
- 尽管特征层次理论可能解释了新皮质识别图像的机制，却无法解释我们如何学习物体的三维结构、物体如何由其他物体组合而来，以及物体如何随着时间的推移而发生变化等。此外，特征层次理论也无法解释我们如何想象出某个物体旋转或发生变形后的样子。

既然特征层次理论存在上述矛盾和缺点，为什么这一理论仍得到了广泛应用呢？我们总结出了以下 4 种原因：（1）该理论与大量的观察数据相符，尤其是很久以前收集的数据；（2）该理论存在的问题随着时间的推进慢慢积累，这导致人们很容易将一些新出现的问题当作小问题，从而忽略；（3）这是我们迄今为止所建立起来的最好的理论，既然没有更好的理论可以替代它，那就只能使用它；（4）该理论并非完全错误，只不过我们需要进行大量修正，本章后续部分将对此展开讨论。

参考系下的新皮质理论

我们关于皮质柱存在参考系的观点，为探究新皮质的工作方式提供了一种全新的思路。我们认为，所有皮质柱，即使是低层次的感觉区的皮质柱，都能够学习和识别完整的物体。一个只感知到物体一小部分的皮质柱可以通过长期整合其输入来学习整个物体的模型，就像我们通过访问一个又一个地点来了解一个新的城市一样。因此严格来说，学习物体的模型并不需要皮质区的层次结构。我们的理论解释了老鼠的视觉系统大多只有一层，它为何能看到并识别出世界上的物体。

新皮质中有许多针对具体某个物体的模型。这些模型位于不同的皮质柱中。它们并非完全相同，而是互为补充。例如，一个从指尖获得触觉输入的皮质柱，可以学习一个手机的模型，包括手机的形状、手机表面的纹理，以及手机按钮在按下时如何移动；一个从视网膜获得视觉输入的皮质柱也可以学习一个手机的模型，包括手机的形状。但是，与从指尖获得输入的皮质柱不同，从视网膜获得输入的皮质柱所学习的模型还包括手机不同部分的颜色以及屏幕上的图标在使用过程中的变化。视觉皮质柱无法学习电源开关的凹陷，触觉皮质柱无法学习图标在显示屏上的变化。

任何单独的皮质柱都不可能学习世界上每个物体的模型。首先，单根皮质柱能够学习多少物体是有限制的。我们还不知道这个范围有多大，但我们的模拟研究表明，单根皮质柱可以学习数百个复杂的物体。这比你所知道的物体的数量要少得多。其次，一根皮质柱所学习的东西受到其输入的限制。例如，一根触觉皮质柱不能学习云朵的模型，一根视觉皮质柱也无法学习旋律的模型。

即使在一个单一的感觉模态中，如视觉，皮质柱也会得到不同类型的输入，并学习不同类型的模型。例如，有些视觉皮质柱获得色彩输入，而有些皮质柱则获得黑白输入。又或者，V1 区和 V2 区的皮质柱都获得了来自视网膜的输入。V1 区的皮质柱从视网膜中一个非常小的区域获得输入，就像它是通过一根细细的吸管看世界一样。V2 区的皮质柱从视网膜中一个更大的区域获得输入，就像它是通过一根更宽的吸管看世界一样，但看到的图像更模糊。现在想象一下，你正在阅读你能看清的最小字号的文本。我们的理论表明，只有 V1 区的皮质柱能够识别最小字号的字母和单词，透过 V2 区看到的图像太模糊了。当我们调大字号时，V2 区和 V1 区都能识别该文本。如果字号继续变大，那么 V1 区就更难识别文本，但 V2 区仍能识别。因此，V1 区和 V2 区的皮质柱也许都能学习物体的模型，如字母和单词，但模型因大小比例不同而不同。

大脑中的知识存储在哪

大脑中的知识是分布式存储的。所有知识都不会只存储在一个地方，如存储在一个细胞或皮质柱中，也没有像全息图那样在任一地方存储所有东西。关于一个物体的知识会分布在成千上万根皮质柱中，但这只是所有皮质柱中的一小部分。

再来想想咖啡杯。大脑中关于咖啡杯的知识存储在哪里呢？视觉区中有许多皮质柱，它们从视网膜接收信息。每根皮质柱都会观察杯子的一部分，并学习杯子的模型，再尝试识别它。同样，如果你握住杯子，那么新皮质触觉区中的数十种到数百种模型都会活跃起来。没有单一模型的咖啡杯。你对咖啡杯的了解存储在成千上万个模型中，即存储在成千上万根皮质柱中，但这些仍然只占新皮质中所有皮质柱的一小部分。这就是我们称其为“千脑智能理论”的原因：关于任何特定物体的知识都分布在成千上万个互补的模型中。

打个比方，现在有一座住着 10 万居民的城市。这座城市有一套由管道、泵、水箱和过滤器组成的输水系统，可以为每家每户输送干净的水。这套输水系统需要通过维护来保持良好的工作状态。关于如何维护输水系统的知识存储在哪里呢？如果只有一个居民知道这些知识，这种做法显然并不明智，但让每个居民都知道这些知识又不切实际。解决方案是，将这些知识"分散"传授给很多人，但人数也不要过多。在这种情况下，我们假设水利部门有 50 名员工。借着这个比喻，我们假设输水系统有 100 个小部分，即 100 个泵、阀门、水箱等，而水利部门 50 名员工中的每个人都知道如何维护和修理不同但相互之间存在重叠的 20 个部分。

那么，关于输水系统的知识存储在哪里呢？这 100 个部分中的每一部分都会有大约 10 个不同的人知道。即使有一天有一半的员工请了病假，还是很可能会有大约 5 个员工来修理任一特定的部分。每个员工可以独自维护和修理 20% 的输水系统，无须监督。关于如何维护和修理输水系统的知识分配给了一小部分居民，这些知识分配能够防止员工的大量流失造成的损害。

请注意，水利部门可能会有一些监管制度，但阻止任何自主权的实施或将所有知识只分配给一两个人都是不明智的。当知识和行动广泛分布在许多但不是太多的元素中时，复杂系统的工作效果就能达到最好。

大脑系统就是这样工作的。例如，神经元从不依赖单个突触，相反，它可能需要 30 个突触来识别一个模式。这样一来，即使其中 10 个突触失效，神经元仍然能够识别这种模式。神经元网络的工作从不依赖单个细胞。在我们创建的模拟网络中，即使损失 30% 的神经元，对网络功能的影响通常也很小。与此类似，新皮质并不依赖单根皮质柱。即使脑卒中或创伤摧毁了大脑中的数千根皮质柱，大脑也能继续工作。

因此，我们不应该对大脑不依赖任何物体的单一模型感到惊讶。我们对物体的知识分布在数千根皮质柱中。这些皮质柱不是多余的，也不是彼此的副本。最重要的是，每一根皮质柱都是一个完整的感觉 - 运动系统，就像水利部门的每个员工都能够独自修理供水基础设施的某些部分一样。

大脑中的“投票”机制

如果我们拥有上千种模型，为什么还能获得某一种感知？当我们举起一个咖啡杯，仔细端详它，为什么我们会感觉它是一个物体，而不是上千个物体？如果我们将杯子放在桌子上，发出声音，那么声音如何与咖啡杯的外形和触感结合在一起？换句话说，我们的感觉输入如何被绑定到某种单一的知觉上？科学家一直假设，大脑新皮质的各种输入一定会汇聚到大脑中的单个地方，人们会在这个地方感知到咖啡杯之类的东西。这个假设也是特征层次理论的一部分。然而，大脑新皮质中的连接并非如此。这些连接会向四面八方延伸，不会汇聚到同一个位置。这也正是“绑定问题”悬而未决的原因之一。在这里，我们提出了一种可能的解释：皮质柱会进行“投票”，即感知是皮质柱通过投票达成的共识。

让我们回顾一下以纸质地图做类比的例子。你有一组不同小镇的地图，这些地图会被切割成一些小方格，然后混在一起。假设你在某个未知的地点下车，看到了一家咖啡店。如果你在多个地图方格上找到了看上去相似的咖啡店，你就无法得知自己身处何方。如果 4 个不同的小镇上都有相似的咖啡店，那么你肯定处于这 4 个小镇中的一个，但你并不能确定自己究竟在哪一个小镇中。

现在，假设有 4 个人也和你一样。他们也拥有这些小镇的地图，并且与你在同一个小镇下车，但是他们的下车地点是随机且不同的。和你一样，他们并不知道自己身处哪个小镇。他们摘下眼罩四处张望。其中一个人看到了一个图书馆，在查阅地图方格后，他发现有 6 个小镇都有图书馆。另一个人看到了一个玫瑰花园，而他发现 3 个不同的小镇都有玫瑰花园。另外两个人也经历了类似的境遇。没有人知道自己身处哪个小镇中，但是他们都为自己可能身处的小镇做了一个列表。然后，所有人会进行投票。你们 5 个人的手机上都有一个应用程序，这个应用程序上列出了你们可能会在的小镇和地点。每个人从应用程序中都可以看到其他人的列表。投票结果显示，只有 9 号小镇同时出现在了每个人的列表中，因此所有人都知道了自己身处 9 号小镇。简而言之，通过对比每个人可能身处的小镇列表，找出同时出现在每个人列表上的小镇，就会立刻知道自己究竟身处哪个小镇。我们将这个过程称为“投票”。

在这个例子中，这 5 个人就好比 5 个触碰到某个物体不同位置的手指。它们无法独自确定触碰到的是什么物体，但如果将它们的感知合在一起就可以确定该物体了。如果你仅用一根手指触碰某物，你就必须在物体上移动手指，才能识别该物体。但是，如果你用整只手抓住这个物体，你就可以立即识别出来。在大多数情况下，使用 5 根手指完成任务比仅使用一根手指需要的动作更少。与此类似，如果你透过一根吸管观察某个物体，你就不得不通过移动这根吸管才能识别该物体。但是如果你观察这个物体时视野开阔，通常你就可以在不需要移动的情况下识别该物体。

我们回到前面的例子中。想象一下，在镇上下车的 5 个人中，有一个人只具有听觉，这个人的地图方格上标有在每个地点他会听到的声音。每当听到喷泉声、树上的鸟鸣声，或是从酒吧传来的音乐声，他就会在地图上标出可能听到这些声音的地方。同样，如果有两个人只具有触觉，他们的地图上就标有在不同地点可能会有的触感。最后的两个人只具有视觉，他们的地图方格上标有在每个地点可能会看到的东西。所以这 5 个人具有了三种不同的知觉：视觉、触觉、听觉。5 个人都可以感知到某些事物，但他们并不能确定自己身处哪个小镇中。于是，他们决定通过投票解决这个问题。这里的投票机制与我在前文中的描述完全相同，他们只需找出同时出现在每个人列表上的小镇，其他细节都无关紧要。可见，“投票”在感官模式的情况下也有效。

请注意，你并不需要十分了解其他人。你无须知道他们拥有哪种知觉，也不需要知道他们有多少张地图。你不需要知道他们地图上的方格比你多还是少，不需要知道他们的地图方格代表更大的区域还是更小的区域，也不需要知道他们是怎样移动的。也许，有些人可以跳过方格，而有些人只能沿对角线移动。这些细节都无关紧要，只需每个人将他们认为自己所处小镇的列表分享出来就可以了。皮质柱中的投票机制解决了“绑定问题”，该机制使大脑可以将各种感觉输入结合起来，形成对所感知事物的单一表征。

当你手握某个物体时，表征手指的触觉皮质柱还会共享另一种信息——手指之间的相对位置，这使我们更容易知道手指触摸的是什么。假设这“5 名探险者”在某个未知的小镇下车。他们很有可能会看到在许多小镇中都存在的地点，例如两家咖啡店、一个图书馆、一个公园以及一个喷泉。通过投票，他们可以排除所有不具备这些特征的小镇。由于具备所有上述 5 个地点的小镇有若干个，所以这些“探险者”仍然不知道自己究竟身处何方。如果这“5 个探险者”知道各自的相对位置，那么他们就可以排除所有相对位置信息中不具备这些特征的小镇。我们猜想，某些皮质柱之间也会共享相对位置的信息。

投票是如何在大脑中完成的

回想一下，皮质柱中的大多数连接在各层之间上下移动，主要停留在皮质柱的边界内。这条规则有一些众所周知的例外。某些层中的细胞将轴突发送到新皮质内非常远的地方。这些细胞可能会将轴突从大脑的一侧发送到另一侧，例如，在分别代表左右手的两个脑区之间，或者，它们可能会将轴突从初级视觉区 V1 发送到初级听觉区 A1。我们认为，这些具有长距离连接的细胞在进行投票。

只有特定的某些细胞进行投票才有意义。皮质柱中的大多数细胞无法表征可以投票的那类信息。例如，一根皮质柱的感觉输入不同于其他皮质柱的感觉输入，因此接收这些感觉输入的细胞不会投射到其他皮质柱。但是那些表征正在感知的物体的细胞可以投票，并且将被广泛地投射到其皮质柱。

关于皮质柱是如何进行投票的这个基本想法其实并不复杂。使用远程连接，皮质柱能广泛传递它对正在观察的东西所做出的猜测。皮质柱通常具有不确定性，在这种情况下，它的神经元会同时发送多种可能性。同时，该皮质柱接收来自其他皮质柱的映射，这些映射表示来自这些皮质柱的猜测。最常见的猜测会胜过最不常见的猜测，直到整个网络确定一个答案。令人惊讶的是，皮质柱不需要将其投票发送给其他每一根皮质柱。即使远程轴突连接到的是一个很小的、其他皮质柱随机选择的分支神经元，投票机制也能很好地工作。投票也需要一个学习阶段。在已发表的论文中，我们描述了软件模拟过程，从而显示学习如何发生以及投票如何快速且可靠地进行。

稳定的感知

皮质柱投票解释了有关大脑的另一个奥秘：为什么当大脑的输入发生变化时，我们对世界的感知似乎依然是稳定的？当我们的眼睛扫视时，新皮质的输入会随着每次眼动而改变，因此活跃的神经元也一定会改变。然而我们的视觉感知却是稳定的。当我们的眼睛转动时，呈现在我们眼前的世界似乎并没有跳动。大多数时候，我们完全不会意识到我们的眼睛在转动。触觉也会产生类似的感知稳定性。想象一下桌子上有一个咖啡杯，你正用手握住它，你在感知这个杯子。现在你漫不经心地在杯子上移动了手指。当你这样做时，新皮质的输入会发生变化，但你依然会感觉杯子是稳定的。你并不会认为杯子在变化或移动。

那么，为什么我们的感知是稳定的？为什么我们没有意识到来自皮肤和眼睛的输入的变化呢？识别物体意味着各根皮质柱会进行投票，然后就它们所感知到的物体达成一致。每根皮质柱中的投票神经元都会形成一个稳定的模式，表征物体和它与你的相对位置。投票神经元的活动并不会随着你的眼睛和手指的移动而改变，只要它们感知的是同一个物体即可。每根皮质柱中的其他神经元会随着感官移动而变化，但表示物体的投票神经元则不会。

如果你能俯视新皮质，你会在一层细胞中看到一种稳定的活动模式。这种稳定性扩展的面积非常大，会覆盖数千根皮质柱，这些是投票神经元细胞。其他层中细胞的活动将在每根皮质柱中快速变化。我们所感知到的信息基于稳定的投票神经元。来自这些神经元的信息会广泛传递到大脑的其他区域，在那里转化为语言或存储在短期记忆中。我们不会自发意识到每一根皮质柱中不断变化的活动，因为它停留在皮质柱内并且无法传递到大脑的其他部分。

为了阻止癫痫发作，医生有时会切断患者新皮质左右两侧的连接。手术后，这些癫痫患者就像拥有了两个大脑一样。实验表明，大脑的左右两侧具有不同的想法，会得出不同的结论。皮质柱投票机制可以解释这种情况产生的原因。左右两侧的新皮质之间的连接用于投票，当它们被切断时，双方就失去了投票的通道，所以它们各自会得出不同的结论。

一直处于活跃状态的投票神经元数量很少。如果你是一名科学家，观察负责投票的神经元时，你可能会发现有 98% 的细胞处于静止状态，只有 2% 的细胞处于持续活跃状态。皮质柱中其他细胞的活动会随着输入的变化而变化。你会很容易将注意力集中在不断变化的神经元上，而忽略了投票神经元的重要性。

大脑想要达成共识。你以前可能见过图 7-1 中的这张图片，你从中既可以看到一个花瓶，也可以看到两张人脸。在这样的例子中，皮质柱无法确定哪个是正确的物体。就好像它们有两个小镇的两张不同的地图，但至少在某些地点，这两张地图是相同的。“花瓶小镇”和“面孔小镇”是相似的。投票层想要达成共识，它能使两个可能的物体同时处于活动状态，所以它会选择其中一种。你可以感知到人脸或花瓶，但不能同时感知到两者。

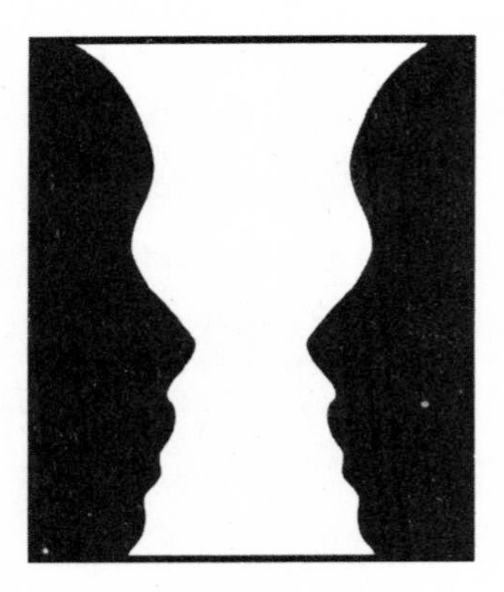

图 7-1　人脸 / 花瓶

大脑的注意力

人的感官部分受阻是很常见的，例如，当你看着站在车门后面的人时，虽然你只看到了半个人，但你知道一个完整的人站在门后。看到人的皮质柱会进行投票，然后确定这个物体是一个人。投票神经元投射到输入被遮挡住的皮质柱，现在每根皮质柱都知道车门后有人。即使是被挡住的皮质柱也可以预测如果没有车门它们会看到什么。

片刻之后，我们会将注意力转移到车门上。就像“人脸 / 花瓶”这张图片一样，信息输入也会有两种。我们的注意力可以在“人”和“车门”之间来回转移。每次转移，投票神经元都会选择不同的物体。我们会感知到两种物体都在那里，即使一次只能关注其中一个。

大脑可以关注视觉场景中较小或较大的部分。例如，我们可以关注整个车门，我们也可以只关注车把手。大脑究竟是如何做到这一点的，我们目前还不清楚，但它涉及大脑中被称为丘脑的部分，丘脑与新皮质的所有区域紧密相连。

注意力在大脑学习模型中起着至关重要的作用。在你度过每一天时，你的大脑会快速且不断地关注不同的事情。例如，当你阅读时，你的注意力会集中在一个个文字上。当你看着一座建筑物时，你的注意力从整个建筑物转移到窗户、门、门闩，再回到门等。我们认为，每当你注意一个不同的物体时，你的大脑会确定该物体相对于之前关注的物体的位置。这是一个自发的过程，是注意力集中过程的一部分。例如，我进入餐厅，我可能会先看到其中一把椅子，然后再看到桌子。我的大脑先识别出一把椅子，然后识别出一张桌子。但是，大脑也会计算椅子与桌子的相对位置。当我环顾餐厅时，大脑不仅在识别房间里的所有物体，而且在确定每个物体相对于其他物体和房间本身的位置。只需环顾四周，大脑就会创建一个房间模型，其中包括我注意到的所有物体。

你所学习的模型通常是临时的。假设你在餐厅坐下来与家人共进晚餐。你环顾整个餐桌，看到各种各样的菜肴。然后我请你闭上眼睛告诉我，土豆在哪里。你几乎肯定能够做到这一点，这证明你在环顾餐桌的短时间内学习了餐桌模型及其内容。几分钟后，在圆桌上的菜被转了一圈之后，我请你闭上眼睛，再次指向土豆。这时你将指向一个新的位置，即你最后一次看到土豆的位置。这个例子要说明的一点是，我们会不断地学习我们感知到的一切事物的模型。如果模型中的特征排列保持固定，比如咖啡杯上的标志，那么该模型可能会被大脑记住很长时间。如果特征的排列发生变化，比如餐桌上的菜肴，那么相应的模型就是临时的。

新皮质永远不会停止学习模型。每一次注意力的转移，无论你是在环顾餐桌上的菜肴、走在街上，还是注意到咖啡杯上的标志，都在为学习某物的模型添加一项新的信息。无论模型是短暂的还是持久的，学习的过程都相同。

千脑智能理论中的层次结构

几十年来，大多数神经科学家都坚持特征层次理论，这是有充分理由的。这个理论虽然存在许多问题，但是拟合了很多数据。我们的理论提出了一种思考新皮质的全新视角。千脑智能理论认为，新皮质区的层次结构并不是绝对必要的。老鼠的视觉系统证明，即使是单个皮质区也可以识别物体。那么，究竟哪种理论是正确的呢？新皮质是按层次组织还是由数千个模型投票以达成共识的呢？

新皮质的解剖结构表明，两种类型的连接都存在。我们如何理解这一点呢？千脑智能理论提出了一种不同的方式，来思考与层次模型和单一皮质柱模型兼容的连接。我们指出，在层次之间传递的是完整的物体，而不是特征。新皮质并非使用层次结构将特征聚合成所识别的物体，而是使用层次结构将物体聚合成更复杂的物体。

我在前文中讨论了层次结构。回想一下侧面印有标志的咖啡杯的例子。我们通过关注杯子，然后关注标志来学习这样一个新物体。标志也由物体组成，如图形和文字，但我们不需要记住标志的特征相对于杯子的位置。我们只需要学习标志参考系与杯子参考系的相对位置。有关这个标志的所有细节特征就都包含在内了。

这就是大脑学习整个世界的方式：作为相对于其他物体定位的物体的复杂层次结构。新皮质究竟是如何做到这一点的，我们目前仍不清楚。例如，我们猜想一定数量的分层学习发生在每一根皮质柱内，但肯定不是全部，某些学习将由各脑区之间的分层连接处理。单根皮质柱中发生了多少分层学习，以及区域之间的连接中又发生了多少，我们还不了解，但我们正在尝试攻克这个难题。想要找出答案，我们需要更好地理解注意力，这一点几乎是肯定的，这也正是我们研究丘脑的原因。

在本章前面部分，我列出了普遍持有的观点，即认为新皮质是特征检测器的层次结构这一观点中存在的问题。让我们再看一遍那个列表，这次从移动的基本作用开始，讨论千脑智能理论如何解决每个问题。

- 千脑智能理论本质上是一种感觉－运动理论。它解释了我们如何通过移动来学习和识别物体。重要的是，它还解释了为什么我们有时可以在不移动的情况下识别物体，例如当我们在屏幕上看到一个简单的图像或用所有手指抓住一个物体时。因此，千脑智能理论是层次模型的扩展。

- 灵长目动物的 V1 区和 V2 区相对较大，而小鼠的 V1 区特别大，这在千脑智能理论看来是有意义的，因为每一根皮质柱都可以识别完整的物体。与现今许多神经科学家的观点相反，千脑智能理论认为，我们的大部分视觉行为都发生在 V1 区和 V2 区。主要和次要触觉相关区域也比较大。

- 千脑智能理论可以解释神经元如何在眼睛仍在移动时知道其下一个输入将是什么。理论上，每一根皮质柱都拥有完整物体的模型，因此知道在物体的每个位置会感知到什么。如果皮质柱知道其输入的当前位置以及眼睛如何移动，那么它就可以预测新位置以及它将在那里感知到什么。这与你查看小镇地图并预测如果你开始朝特定方向行走会看到什么是一样的。

- 绑定问题基于这样一个假设，即新皮质对世界上的每个物体都有一个单一的模型。而千脑智能理论认为，世界上的每个物体都有数千个模型。大脑的各种输入不会被绑定或聚合成单个模型。皮质柱具有不同类型的输入，一根皮质柱代表视网膜的一小部分，而另一根皮质柱代表更大的部分，这些因素都无关紧要。视网膜有没有洞，就像你的手指之间有没有缝隙一样，都不重要。投射到 V1 区的模式可能会被扭曲和混淆，这也无关紧要，因为新皮质的任何一部分都不会试图重新组合这种混乱的表征。千脑智能理论的投票机制解释了为什么我们有一个一致而并不扭曲的感知。它还解释了在一种感觉模态中识别物体是如何导致在其他感官模式中进行预测的。

- 千脑智能理论展示了新皮质如何使用参考系学习物体的三维模型。图 7-2 是另一个小的证据。它是印在平面上的一组直线。没有消失点，没有汇聚线，也没有逐步减弱的对比来暗示深度。然而，如果不将其视为一组三维楼梯，你就无法查看此图。你所观察到的图片本身是二维的并不重要，重要的是你大脑新皮质中的模型是三维的，这就是你所感知到的内容。

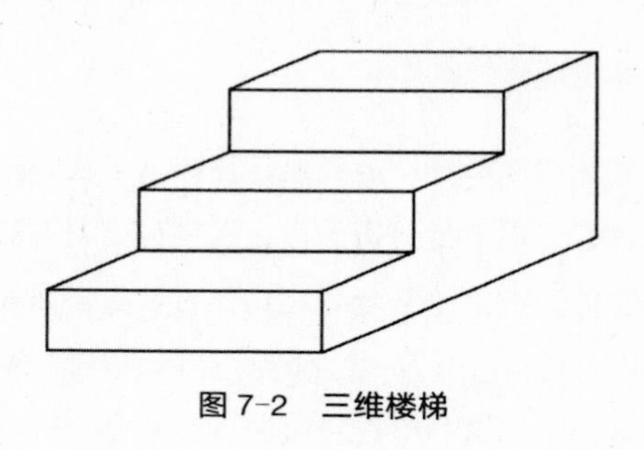

图 7-2　三维楼梯

大脑是很复杂的。有关位置细胞和网格细胞如何创建参考系、学习环境模型和规划行为的细节比我描述的更为复杂，并且我们也只能了解其中的一部分。我们认为新皮质使用的是类似的机制，这些机制同样复杂，而且人们对它的了解更少。对于像我们这样的实验型神经科学家和理论家来说，这是一个值得积极研究的领域。

要想进一步讨论这些主题和其他主题，我就不得不介绍神经解剖学和神经生理学的其他细节，这些细节既难以描述，而且对于理解千脑智能理论来说没那么重要。因此，我们已经到达了一个边界，即本书探索的内容结束的边界，以及科学论文的内容开始的边界。

在介绍这本书时，我说过大脑就像一个拼图游戏。我们有数以万计关于大脑的事实信息，每一个都像一块拼图。但是没有理论框架，我们就不知道该怎么拼这个拼图。在没有理论框架的情况下，我们能尽力做到的就是将几个拼图拼在一起。千脑智能理论便是一个框架，有了这个框架后，我们就像完成了拼图的边界并知道了整体的画面是什么样子。在我写这本书的过程中，我们已经完成了拼图内部的一些部分，而许多其他部分还没有完成。尽管还有很多东西，但我们的任务现在更简单了，因为有了正确的框架后，我们可以更清楚地知道哪些部分有待填充。

我不想给你留下错误的印象，即我们了解了新皮质所做的一切，相反，我们所掌握的信息还远远不够。总而言之，关于大脑，尤其是新皮质，我们不了解的东西还很多。然而，我并不认为会有另一个系统性的理论框架，以一种不同的方式来填充拼图的边界部分。随着时间的推移，理论框架会得到逐步修改和完善。我预计千脑智能理论也会如此，但我相信，我在本书中提出的核心思想将大体保持不变。

结束本章和本书的第一部分之前，我想和你说说我见到芒卡斯尔那个故事的剩余部分。回想一下，我在约翰斯·霍普金斯大学做了一次演讲，结束时我见到了芒卡斯尔和他的系主任。不久，我要去赶飞机，因此我们说了再见，外面有一辆车正在等我。当我走出办公室时，芒卡斯尔拦住了我，把手放在我的肩膀上，用一种"给你一些建议"的语气说："你应该停止谈论层次理论，它实际上并不存在。"

我惊呆了。芒卡斯尔当时是世界上最著名的研究新皮质的专家，他告诉我，新皮质经过最多研究同时也是最大的一个特征并不存在。我很惊讶，就好像克里克本人对我说："哦，那个 DNA 分子，它并没有真正编码你的基因。"我不知道该怎么回答，所以我什么都没说。在去机场的路上，坐在车里时，我试图理解临别时他对我说的那句话。

如今，我对新皮质层次理论的理解发生了巨大的变化，这些层次比我曾经想象的要少得多。芒卡斯尔当时知道这一点吗？他说层次理论真的不存在有理论依据吗？他是在思考一些我不知道的实验结果吗？他于 2015 年离开这个世界，而我永远也无法从他那里得到答案了。在他去世后，我重读了他的许多书和论文。他的思想和写作总是很有见地。他在 1998 年出版的《感知神经科学：大脑皮质》（*Perceptual Neuroscience: The Cerebra Cortex*）是一本装帧很精美的书，至今仍是我最喜欢的介绍大脑的图书之一。当我回想起那天，我本可以选择误机，与他进一步交流。更重要的是，我多么希望我现在就能和他聊一聊。我相信，他会喜欢我向你们描述的理论的。

现在，我想把注意力转向千脑智能理论将如何影响我们的未来上。

第二部分

人工智能的未来

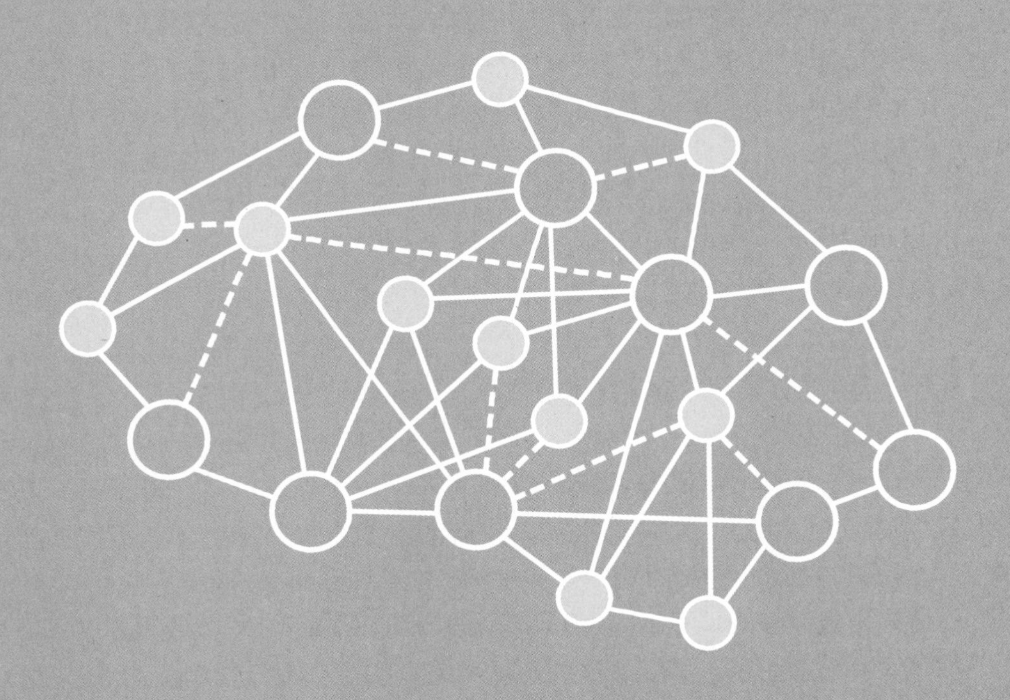

A THOUSAND
BRAINS

历史学家托马斯·库恩（Thomas Kuhn）在他的著作《科学革命的结构》（*The Structure of Scientific Revolutions*）中指出：大多数科学进步都建立在被广泛接受的理论框架之上。他将这种理论框架称为“科学范式”。有时，一个既定的范式会被新的范式推翻并取代，库恩称之为“科学革命”。

如今，神经科学的诸多子领域都已经建立起科学范式，例如，大脑进化方式、与大脑相关的疾病、网格细胞、位置细胞。从事这些领域研究工作的科学家会共享一些术语和实验技术，并就想回答的科学问题达成一致。然而，关于大脑新皮质和智能，仍然没有被广泛接受的范式。人们对于大脑新皮质的活动有着不同的见解，甚至对于应该解决的科学问题都没有达成一致。面对这种状况，库恩也许会说，人们对于智能和新皮质的研究仍然处于一种“前范式”（pre-paradigm）状态。

在本书的第一部分中，我提出了一种全新的理论，介绍新皮质的工作机制，并解释了智能意味着什么。你可以认为我提出了一种研究新皮质的范式。我确信，该理论在很大程度上是正确的。更重要的一点是，该理论也是可以被检验的。当下和未来的实验会告诉我们，该理论的哪些部分是正确的，而哪些部分需要修改。

在本书的第二部分中，我将介绍这一全新理论对人工智能的未来会产生哪些影响。人工智能研究拥有一套通常被称为人工神经网络技术的既定范式。人工智能科学家使用相同的术语，心怀相同的研究目标，因此推动了该领域近年来的稳定发展。

千脑智能理论认为，人工智能的未来将与大多数人工智能从业者如今的设想存在本质上的不同。我相信，人工智能将迎来一场科学革命，而我之前描述的智能原理将成为这场革命的基石。

在职业生涯的早期，我曾讨论过计算技术的未来，而预言并未很好地得到应验。因此，我在写下这些内容时是有些踌躇的。

创立 Palm 公司后不久，我应邀到英特尔公司演讲。英特尔公司每年都会召集数百名资深员工在硅谷开展为期 3 天的计划会。作为会议的一部分，他们会邀请公司外部人士前来演讲。1992 年，我正是该活动的演讲者之一，我将这视为一种荣誉。英特尔公司引领了个人计算革命，它是世界上最受尊敬、最强大的公司之一。彼时，我创立的 Palm 公司是一家还没有推出第一款产品的小型初创公司，而我的演讲则讨论了个人计算的未来。

我曾经提出，未来的个人计算将被小到足以放入口袋的计算机所主导。这些设备的售价为 500 ～ 1 000 美元，使用一块电池就可以持续运行。对于全球数十亿用户而言，他们只需拥有一台袖珍计算机就足够了。在我看来，这种转变是必然的。数十亿人都希望可以使用计算机，但是笔记本电脑和台式机都十分昂贵，且很难使用。我觉察到袖珍计算机有着不可阻挡的吸引力，它们更易于使用，并且更加便宜。

那时，世界上数以亿计的笔记本电脑和台式机，大多数使用的都是英特尔公司的 CPU。CPU 芯片的平均售价大约为 400 美元，其耗费的电量远远超过由电池供电的掌上电脑。我向英特尔公司的经理提出了一系列建议，如果他们想要维持在个人计算机领域的领导地位，就需要重点关注以下三个方面：降低功耗、将芯片做得更小、想出售价低于 1000 美元的产品的获利方法。我演讲时语气十分谦逊："顺便提一下，我认为这种情况一定会发生，所以你们不妨考虑一下可能会产生的结果。"

演讲结束后，我回答了观众的问题。当时每个人都坐在餐桌前等待午餐，直到我的演讲结束才会安排上菜，所以我并没料到会有很多问题。我只记得，有一个人站起来以略带嘲讽的语气问我："人们要用这些掌上电脑做些什么呢？"当时，这个问题确实很难回答。

那时，个人计算机主要用于文字处理、电子表格、数据库。这些应用都不适合使用小屏幕、没有键盘的掌上电脑。通过逻辑分析，我认为掌上电脑应该主要用于访问信息，而不是创建信息，这就是我给出的答案。我以为首先会产生访问日历和地址簿这样的应用，但我知道这并不足以改变个人计算机领域，所以我们会发现更重要的新应用。

回想一下，1992 年年初，数字音乐、数码摄影、Wi-Fi、蓝牙都还没有诞生，也没有手机上的数据。第一款面向消费者的网页浏览器还没有发明出来。我并不能预见这些技术将会出现，所以我也无法想象基于这些技术会出现的应用。但是我知道，人们总是希望得到更多的信息，而我们会设法将信息传送到移动计算机上。

演讲过后，我与英特尔公司的传奇创始人戈登·摩尔（Gordon Moore）博士坐下来交流，在会谈的圆桌前大约有10个人。我问摩尔博士对我的演讲有何看法。所有人都屏息凝神，看他会做何反应。但是他并未正面回答我的问题，并且在午餐剩下的时间里避开与我交谈。我很快就清楚了，无论是他还是在座的其他人都不相信我所说的话。

这次经历令我颇为震撼。如果我都不能让计算领域最聪明、最成功的人哪怕考虑一下我的提议的话，那我或许真的错了。或许，转向掌上电脑会比我想象的困难很多。但我下定决心，对我来说最好的选择就是专注于打造掌上电脑，无须担心别人会怎么看。从那天开始，我就不再对计算的未来发表远见般的看法，而是尽我所能让未来变为现实。

现在，我发现自己又遇到了类似的情况。从这里开始，我将描述一个不同于大多数专家所期望的未来。首先，我所描绘的人工智能的未来，与大多数人工智能领军人物目前的想法是矛盾的。其次，在本书的第三部分中，我将以一种你可能从未考虑过的方式描绘人类的未来。当然，我的想法可能是错的，预测未来这件事是众所周知无比困难的。但是在我看来，我将要提出的预测是必然会发生的，这更像是逻辑推理，而不是随意的猜测。然而，正如我多年前在英特尔所经历的情况一样，我可能无法说服每一个人。我会尽我最大的努力，请读者保持开放的心态。

在接下来的 4 章中，我将讨论人工智能的未来。目前，人工智能正在经历一场复兴，这是科技界最热门的领域之一。每天似乎都会有新的应用、新的投资涌现，这些应用每天都会有性能的提升。尽管人工神经网络与人类大脑中的神经元网络截然不同，但是人工神经网络领导了当下的人工智能领域。我认为，未来的人工智能将以与现在不同的原理为基础，新的原理更加接近于模拟人类大脑。想要构建真正智能的机器，我们就必须按照我在本书第一部分提出的原理来设计它们。

我不知道未来将会出现怎样的人工智能应用，但就像个人计算机向手持设备的转变一样，我认为人工智能向基于大脑的原理的转变也是必然的。

A THOUSAND BRAINS

并不智能的人工智能

自 1956 年诞生以来，人工智能经历了数次兴衰。人工智能科学家将这些过程称为“人工智能的夏天”和“人工智能的冬天”。每一波浪潮都建立在某项新的技术之上，它们都试图为我们指明创造智能机器的方向，但是这些创新最终都功亏一篑。如今，人工智能正经历另一波浪潮，业界同样对这波浪潮寄予厚望。人工神经网络是推动当前这波浪潮的新技术，我们通常称之为“深度学习”。这类方法在图像分类、语音识别、汽车驾驶等任务上取得了惊艳的效果。2011 年，一台计算机在问答竞赛节目《危险边缘》(*Jeopardy!*) 中击败了顶尖的人类选手；2016 年，另一台计算机则在围棋比赛中击败了顶尖的人类棋手。上述两项成就登上了世界各地的媒体头条，令人印象深刻。但是，这些机器真的智能吗？

在包括大多数人工智能研究者在内的人看来，这些机器并不具有真正的智能。当下的人工智能在诸多方面还达不到人类智能的水平，例如，人类会持续不断地进行学习。正如我在前面的章节中所讲述的，人类会不断修正自己对世界建立的模型。相较之下，深度学习网络在部署之前需要经过充分的训练，并且一经部署就无法在运行时学习新的东西了。例如，如果我们想让一个视觉神经网络识别其他类型的物体，那么该网络就必须从头开始训练，这一过程可能需要几天的时间。人们认为现在的人工智能系统并不智能，最主要的原因是它们只会做一件事，而人类可以做各种各样的事情。换言之，人工智能系统不够灵活。任何一个人，都可以学着去下围棋、耕种、编写软件代码、开飞机、演奏音乐。我们一生能够学会上千种技能。尽管可能并不会成为最擅长某种技能的人，但是我们可以灵活地学习各种技能。深度学习人工智能系统几乎不具备这种灵活性。一台用于下围棋的计算机也许能在围棋对弈中战胜所有人类，但是它并不能做其他事。一辆自动驾驶汽车可能比所有人类都能更安全地驾驶车辆，但是它并不能下围棋或修补漏气的轮胎。

人工智能研究的长期目标是创造展现类人智能的机器，它们能够快速学习新任务，发现不同任务之间的相似性，灵活地解决新的问题。为了区别于目前有限的人工智能，上述人工智能被称为通用人工智能（Artificial General Intelligence）。当下的人工智能产业面临的关键问题是：我们现在是否正处在一条创造真正智能化的通用人工智能的道路上？我们会陷入另一个人工智能的寒冬吗？目前的人工智能浪潮已经吸引了成千上万的研究者和数十亿美元的投资，而所有这些人力和财力几乎都被用于改进深度学习技术。这些投资会催生与人类智能水平相当的机器智能吗？深度学习技术会否本质上就存在不足，导致我们又在人工智能领域做了无用功？当你身处泡沫之中时，你的热情很容易就会被点燃，并相信它会永远持续下去。而历史中的经验教训告诉我们应该谨慎一些。

我不知道现在的这波人工智能浪潮还会持续多久，但是我认为深度学习并不能让我们走上一条创造真正的智能机器的道路。我们无法通过继续进行目前正在做的事情来实现通用人工智能。我们必须另寻他法。

实现通用人工智能的两条路

人工智能研究者制造智能机器时有两条路可以走。第一条路正是该领域目前的研究方向，那就是让计算机在某些具体任务上超过人类，如下围棋、检测医学图像中的癌细胞。我们希望，如果能够让计算机在执行一些困难任务时的表现超过人类，那么我们最终就会发现如何让计算机在所有任务中都比人类强。通过这种方式来实现人工智能，系统的工作原理以及计算机是否灵活就无关紧要了。唯一重要的是，这样的人工智能计算机在执行特定任务时比其他人工智能计算机更强，并最终超越最强的人类。如果最强的计算机围棋棋手在世界上仅仅位列第六名，那么它就不会登上媒体头条，它甚至可能会被视为失败者。但是，击败世界上顶尖的人类棋手就会被视为一个重要的进步。

第二条路是重点关注灵活性。通过这种方式，人工智能就不必具备比人类更强的性能。我们的目标变成了创造可以做各种事情并且可以将从某个任务中学到的东西应用于另一个任务的机器。沿着这条路径成功制造的机器可能具有 5 岁孩子的能力。我们希望，如果我们先了解了如何构建灵活的人工智能系统，就可以在此基础上最终制造出与人类能力相当或超越人类的系统。

在一些早期的人工智能浪潮中，第二条路受到了青睐。然而，事实证明，这条路太难走了。科学家意识到，要想具备一个 5 岁孩子的能力，就需要掌握大量的常识。孩子们了解世界上成千上万的事物。他们知道液体怎样溢出、球怎样滚动，以及狗怎样叫；他们知道如何使用铅笔、马克笔、纸和胶水；他们知道如何打开书本，也知道怎样把书页撕下来；他们掌握成千上万个单词，知道如何使用它们以让别人去做相应的事情。人工智能研究者并不知道如何将这些常识编写到计算机中，也不知道如何让计算机学习它们。

就知识而言，陈述一个事实并不困难，难点在于通过有效的方式表征知识。例如，在英语国家，5 岁的孩子都知道“Balls are round”（球是圆的）是什么意思。我们可以很容易地将这种陈述输入计算机中，但是怎样才能让计算机理解它呢？单词 ball 和 round 都是多义词，ball 除了表示球，还可以表示舞会，而舞会并不是圆的。比萨是圆的，但是它与球的形状并不相同。计算机为了理解单词 ball，必须将该词与各种含义联系起来，而每一种含义又与其他词有着不同的关系。物体在外力的作用下还具有一些动作，例如，有些球会反弹，但是足球、棒球、网球反弹的情况又有所不同。我们通过观察很快就知道了这些差异。我们只需将球扔到地上并观察接下来发生的情况，就会知道球是如何反弹的，而无须别人告诉我们。我们并不知道这些知识如何存储于大脑中。对于人类而言，学习“球如何反弹”这种常识不费吹灰之力。

人工智能科学家并不知道如何使计算机做到这一点。他们发明了称为“模式”和“框架”的软件结构来组织知识。但无论如何尝试，最终得到的结果都很糟糕。世界是十分复杂的，连孩子知道的事物和这些事物之间的关系就已多得惊人。这听起来很容易，但并没有人知道如何才能让计算机理解“球是什么”这样简单的事。

这一问题叫作“知识表征”。在一些人工智能科学家看来，知识表征是人工智能研究唯一重要的问题。他们认为，除非解决了在计算机中表征常识这一问题，否则我们就无法制造出真正的智能机器。

当下的深度学习网络并不具备知识。一个用于下围棋的计算机并不知道围棋是一种游戏，也并不了解这一游戏的历史。它并不知道与它对弈的是计算机还是人类，也不知道计算机和人类意味着什么。与此类似，用于标记图像的深度学习网络可以观察一张图像，然后判断图中的物体是一只猫。然而，计算机对猫知之甚少。它不知道猫是动物，也不知道猫有尾巴、腿和肺。它不知道什么是爱猫人士和爱狗人士，也不知道猫会喵喵叫，还会掉毛。深度学习网络只能判断一个新输入的图像与之前看过的、被标记为“猫”的图像是否相似，并没有关于猫的知识。

近年来，人工智能科学家尝试了另一种编码知识的方法。他们创建了巨大的人工神经网络，并使用大量的文本来训练这些网络。这些用于训练的文本包含数万本书中的每一个单词、维基百科的全部内容，以及几乎整个互联网中的信息。他们一次一个词地将这些文本提供给人工神经网络。人工神经网络则通过这种训练方式，学习某些单词在其他单词后面出现的可能性。这些语言网络可以完成一些惊人之举。给定一些单词，这些语言网络可以写出与这些单词相关的简短的段落。人们很难分辨出该段落是人写的还是人工神经网络写的。

关于这些语言网络是具有真正的知识，还是仅仅通过记住数百万单词的统计信息来模仿人类，科学家意见不一。如果人工神经网络不能像大脑那样对世界建模，那么我认为任何深度学习网络都无法实现通用人工智能的目标。深度学习网络目前取得了不错的性能，但这并不是因为它们解决了知识表征问题。相反，它们完全避开了这一问题，转而依赖于统计信息和大量的数据。深度学习网络的工作原理是巧妙的，它们具有惊人的性能和商业价值。我想指出的只是，深度学习网络不具备知识，因此，它们的能力并不会达到5岁孩子的水平。

将大脑视作人工智能模型

从我对研究大脑产生兴趣的那一刻起，我就认为在我们能够创造智能机器之前，我们必须理解大脑是如何工作的。这是显而易见的，因为大脑是我们所知的唯一具有智能的东西。多年以来，我一直坚信这一点。我认为，这是创造真正的人工智能需要迈出的关键的第一步。因此，我执着地从事大脑理论研究。我经历过多次人工智能浪潮，而我每次都拒绝跟风。我很清楚，这些技术与大脑的工作机制相去甚远，因此人工智能的发展会受阻。要想弄清楚大脑的工作机制非常困难，但这是创造智能机器所必需的第一步。

在本书的第一部分中，我介绍了我们在理解大脑方面所取得的进展。我描述了大脑新皮质如何使用地图一样的参考系来学习世界模型。正如纸质地图表征了小镇或国家这样的地理区域的知识，大脑中的地图则表征了与我们互动的物体（如自行车和智能手机）、我们的身体（如我们的四肢在哪里，它们如何移动）以及抽象概念（如数学）的知识。

千脑智能理论解决了知识表征的问题。举例而言，假设我希望表征关于常见的订书机的知识，为此，早期的人工智能研究者的做法是尝试列出订书机各个部分的名称，并描述每个部分的功能。他们可能会写下一条关于订书机的规则：压下订书机的顶部，订书钉就会从一个末端弹出。然而，要想理解这句话，就需要定义“顶部”“末端”“订书钉”这样的单词，以及“压下”“弹出”等不同动作的含义。此外，这条规则本身也不够全面。它没有说明订书钉弹出时会朝着哪个方向，接下来会发生什么，或当订书钉被卡住时你需要做什么。因此，研究者会编写额外的规则。这种表征知识的方法会导致研究者列出无穷无尽的定义和规则。人工智能研究者并不知道如何让这种方法奏效。持批判态度的人认为，即使可以列出所有的规则，计算机仍然不会知道订书机是什么。

大脑则采用截然不同的方式存储关于订书机的知识：它会学习一个模型。模型是知识的体现。想象一下，你的大脑中有一个小订书机，它和真实的订书机有着一模一样的形状、部件、运动方式，只不过更小。在不需要为任何部件提供标签的情况下，这个小模型代表了你所知道的关于订书机的一切。如果你想回忆起按下订书机的顶部时会发生什么，你只需按下这个小模型，然后看看会发生什么。

当然，你的大脑中并没有一个小的实体订书机。但是大脑新皮质中的细胞学习了一个起到相同作用的虚拟模型。与一个真正的订书机互动时，大脑会学习订书机的虚拟模型，该模型囊括了你观察到的关于真正的订书机的一切：从订书机的形状到人们使用订书机时的表现。关于订书机的知识嵌入了该模型中，而在你的大脑中并不会存储一系列关于订书机的事实和规则。

压下订书机的顶部时会发生什么？要回答这个问题，你并不会寻找合适的规则并复述它。相反，大脑会想象压下订书机，模型则回忆起会发生什么。人们可以使用文字描述问题的答案，但是知识并不是存储在文字或规则中的。模型才是知识。

我相信，人工智能的未来将建立在大脑的工作原理之上。真正的智能机器、通用人工智能将像大脑新皮质一样，使用类似于地图的参考系来学习世界模型。我认为这是必然的，没有别的方法可以创造真正智能的机器。

从专用到通用人工智能的解决方案

我们今天所处的环境让人不禁联想起计算技术发展的早期。computer一词最初指的是从事数学计算工作的人，为创建数值表或解码加密信息，数十名人类计算者需要手动进行必要的计算。人们最早设计电子计算机是为了代替人类计算者完成特定的任务。例如，一台专门用来解密消息的机器是自动完成这一任务的最佳方案。艾伦·图灵等计算机先驱认为，我们应该制造通用计算机，我们可以对其编程，从而完成所有任务。然而，那时并没有人知道制造这样一台计算机的最佳方案。

曾经在一段过渡时期，人们制造了各种各样的计算机，包括为特定任务设计的计算机、模拟计算机、只能通过改变线路来改变用途的计算机，还有一些使用十进制而非二进制工作的计算机。现在，几乎所有的计算机都满足图灵设想的通用形式，我们称其为“通用图灵机”。只要使用正确的软件，现在的计算机几乎可以执行任何任务。市场的力量决定了通用计算机才是正确的发展方向。如今，即便使用定制化的解决方案，如专用芯片，可以更快、更节能地完成特定任务，但产品设计师和工程师往往还是更喜欢使用低成本、便捷的通用计算机。

人工智能也将出现类似的转变。如今，我们正在构建的专用人工智能系统在执行目标任务方面具有最佳性能。但是在未来，通用智能机器将成为主流，它们与人类更类似，能够对几乎所有东西进行学习。

现在的计算机形状和大小多种多样，烤面包机中会有微型计算机，而用于气象仿真的计算机则有一间房那么大。尽管这些计算机的大小和速度不一，但它们都遵循图灵等人多年前提出的原理。与此相似，未来的智能机器也会有各种形状和大小，但几乎所有的智能机器都遵循同一套原理。像大脑一样的通用学习机器将成为人工智能的主流。数学家已经证明，有些问题在理论层面是无法解决的。因此，准确地说，并没有真正“通用”的解决方案。但这只是一个高度理论化的想法，我们在本书中不必考虑这一点。

一些人工智能研究人员认为，现在的人工神经网络已经是通用的。我们可以训练一个神经网络来下围棋或开汽车，但同一个神经网络并不能同时做到这两点。为了使神经网络执行任务，还必须通过其他方式对它们进行调整和修改。通用智能机器应该像人类一样，能够在无须抹去记忆并重新开始的情况下，学会完成许多事情。

人工智能将会从如今的专用解决方案转向未来占主导地位的，更为通用的解决方案，原因有两点。第一个原因也正是通用计算机胜过专用计算机的原因。通用计算机最终的性价比更高，这推动了技术的快速发展。随着越来越多的人使用相同的设计，人们在加强最流行的设计以及支持它们的生态系统方面投入了越来越多的精力，从而大大降低了通用计算机的成本，提升了性能。这正是 20 世纪后半叶计算能力呈指数级增长的根本驱动力，这种计算能力塑造了当时的工业和社会。第二个原因是，在未来，一些最重要的机器智能的应用将会需要通用解决方案的灵活性。这些应用需要处理一些意想不到的问题，以现有的专用深度学习机器无法做到的方式设计出新的解决方案。

假设有两种机器人。第一种机器人在工厂里给汽车喷漆。这种机器人需要快速、准确和稳定地完成工作，而不需要每天都尝试新的喷漆技术，或询问为什么要给汽车喷漆。在装配线上给汽车喷漆需要的是功能单一、无须具备智能的机器人。现在，假设我们想将一组建筑机器人送上火星，为人类建造一个宜居的栖息地。这些机器人就需要使用各种工具，在混乱的环境中搭建建筑。它们将遇到不可预见的问题，需要通过合作随机应变地完成修补和对设计的修改。人类可以处理这类问题，但现在还没有任何机器能够做到这一点。火星建筑机器人需要具备通用智能。

你可能会认为，针对通用智能机器的需求将是有限的，大多数人工智能应用将由我们今天所拥有的这种专用技术来解决。人们也曾对通用计算机持同样的看法，认为针对通用计算机的商业需求仅限于少数高价值的应用。但结果恰恰相反！由于成本大大降低，尺寸也不断缩小，通用计算机成为 20 世纪规模最大、成本最低的技术之一。我相信，在 21 世纪后半叶，通用人工智能同样将主导机器智能。当商业计算机在 20 世纪 40 年代末、50 年代初首次出现时，人们很难想象它们在 1990 年或 2000 年的应用会是什么样子。如今，我们的想象力同样受到了挑战。没有人知道五六十年后智能机器将有怎样的应用。

智能的判断标准

一台智能机器应该是怎样的？有没有一套可供使用的判断标准？我换一种问法：一台机器怎样才算通用计算机？一台合格的通用计算机，即通用图灵机，需要内存、CPU、软件等特定的部件，而我们无法从机器外面看到这些部件。例如，我不知道烤面包机里面是否有一个通用计算机或一块定制芯片。烤面包机的功能越多，它就越有可能包含一台通用计算机，但唯一确定的方法是从内部看看它是如何工作的。

同样，一台智能机器需要具备一套运行的原则。我们无法通过外部的观察发现一个系统是否使用了这些原则。看到一辆车在高速公路上行驶，我们无法分辨它是由一个正在学习开车的人驾驶的，还是由一个简单地让车保持在车道内的控制器驾驶的。汽车表现出的行为越复杂，它就越有可能是由智能体控制的，但最保险的方法还是到汽车内部看看。

那么，是否存在一套智能机器必须满足的标准呢？答案是肯定的。我依据大脑的特性提出了判断智能的标准。大脑具备以下四种特性：持续学习、通过运动学习、多重模型、使用参考系存储知识。我坚信智能机器也必须具备这些特性。我将描述每一项特性是什么，它们为何重要，以及大脑如何实现它们。智能机器实现这些特性的方式可能与大脑有所不同。例如，智能机器并不需要由活体细胞组成。

也许有人判断智能的标准与我并不一致，也有人会认为我漏掉了一些重要的标准。不过没关系，我列出的观点可以作为通用人工智能的最低判断标准或对比基线。如今，还鲜有人工智能系统具备以下任何一项特性。

持续学习

- **是什么？**在我们的一生中，只要我们醒着，就会学习。每段记忆维持的时间可能不同。人们会很快地忘掉某些事情，比如桌上盘子的摆放情况或我们昨天穿了什么衣服，也有些事情我们会铭记终生。学习并不是一个独立于感知和行动的过程。人类会不断学习。

- **为何重要？**世界在不断变化。因此，为了反映不断变化的世界，世界模型必须持续学习。大多数现有的人工智能系统并没有做到这一点。经过了漫长的训练过程后，这些人工智能系统就会完成部署了。这也是它们不灵活的原因之一。灵活性要求这些系统不断适应变化的环境和新的知识。

- **大脑如何实现？**神经元是能让大脑持续学习的最重要的部分。当神经元学习一种新模式时，它就会在一个树突分支上形成新的突触。新的突触不会影响之前在其他分支上通过学习而形成的突触。因此，学习新东西并不会迫使神经元忘记或修改之前学习的东西。然而，现有的人工智能系统使用的人造神经元就不具备这种能力，这是人造神经元不能持续学习的原因之一。

通过运动学习

- **是什么？**人类通过运动来学习。在日常生活中，人类会移动身体、四肢和眼睛。这些运动在学习的过程中是不可或缺的。

- **为何重要？**实现智能需要学习一个世界模型。我们无法同时感知世界上的一切事物，所以需要通过运动来学习。如果不挨个走遍所有房间，我们就无法学习一个关于房子的模型，如果不与手机上的新应用程序互动，我们就无法学会使用它。这里的运动不一定是指身体上的。通过运动学习的原理也适用于数学等概念，以及网络等虚拟空间。

- **大脑如何实现？** 皮质柱是大脑新皮质中的加工单元。每根皮质柱都是一个完整的感觉 - 运动系统，即皮质柱获取输入并产生行为。在每一次运动后，皮质柱会预测下一个输入是什么。皮质柱会通过预测来测试并更新其模型。

多重模型

- **是什么？** 大脑新皮质由数以万计的皮质柱组成，每根皮质柱都会学习物体的模型。关于任何特定事物的知识（如咖啡杯），都分布在许多互补的模型中。

- **为何重要？** 大脑新皮质的“多重模型”这一设计带来了灵活性。通过采用这种结构，人工智能设计者可以轻易地创造集成了多种传感器的机器，这些传感器包括视觉、触觉甚至是雷达等新型传感器。他们还可以创造具有各种形态的机器。像大脑新皮质一样，智能机器的“大脑”将由许多几乎相同的部件组成，这些部件可以与各种各样可运动的传感器相连。

- **大脑如何实现？** “投票”是多重模型发挥作用的关键。在一定程度上，每一根皮质柱都独立工作，但大脑新皮质的长程连接使皮质柱可以对它们所感知的物体进行投票。

使用参考系存储知识

- **是什么？**人类的知识存储在大脑的参考系中。参考系也被用于做出预测、创建计划、实施运动。每当大脑激活参考系中的某个位置，并检索出相应的知识时，就会产生思维。
- **为何重要？**为了实现智能，机器需要学习世界模型。该模型必须包含物体的形状、物体在与人互动过程中的变化，以及物体彼此之间的相对位置。机器需要参考系来表征这类信息。参考系是知识的“骨架”。
- **大脑如何实现？**每根皮质柱都创建了一组自己的参考系。皮质柱使用网格细胞和位置细胞来创建参考系。

不可或缺的参考系

大多数人工神经网络并不包含任何与参考系相当的成分。一个典型的识别图片的神经网络只会给每张图片分配一个标签。没有参考系，网络就无法学习物体的三维结构或它们运动、变化的方式。这种系统并不能给出将图片标记为猫的原因。人工智能系统并不知道猫是什么，除了这张图片与其他标记为“猫”的图片相似，它们不能给出更多的信息。

尽管实现的方式存在不足，但有些形式的人工智能确实具有参考系。棋盘就是用于下棋的计算机所具有的参考系。棋盘上的位置用特定的国际象棋术语标记，如“国王的车 4”或“王后 7”。用于下棋的计算机使用这个参考系来表示每一枚棋子的位置、合规的国际象棋走法，并规划棋子的走法。一个棋盘参考系本质上是二维的，只有 64 个位置。

该参考系非常适用于国际象棋，但对学习订书机的结构或猫的行为则毫无用处。

自动驾驶汽车通常有多个参考系。GPS 是其中一个参考系，这是一种基于卫星的系统，可以将汽车定位到地球上的任何地方。通过使用 GPS 参考系，汽车可以学习道路、十字路口和建筑物的位置。GPS 是一个比棋盘更加通用的参考系，但是该参考系固定在地球上，因此无法表征相对于地球运动的物体的结构或形状（如风筝或自行车）。

机器人设计者对使用参考系并不陌生。他们用参考系来跟踪机器人在世界上的位置，并规划机器人从某个位置移到另一个位置的方案。大多数机器人科学家并不关心通用人工智能，大多数人工智能研究人员也没有意识到参考系的重要性。如今，尽管人工智能和机器人两门学科之间的界限开始变得模糊，但二者在很大程度上仍然是两个独立的研究领域。只要人工智能研究人员意识到运动和参考系对于创造通用人工智能的重要作用，人工智能学科和机器人学科就会趋同。

人工智能科学家杰弗里·辛顿（Geoffrey Hinton）深知参考系的重要作用。如今的神经网络依赖于辛顿在 20 世纪 80 年代提出的思想。近年来，辛顿开始对该研究领域持批判态度，由于深度学习网络无法感知位置信息，他认为深度学习网络无法学习世界的模型。本质上，这和我提出的批评是一样的：人工智能需要参考系。辛顿提出了一种解决该问题的方案——胶囊（capsules）[①]。胶囊有望大幅提高神经网络的性能，但

① 辛顿提出的一种全新类型的神经网络，即把关注同一个类别或同一个属性的神经元打包集合在一起，好像胶囊一样。——编者注

到目前为止，它们还没有在人工智能的主流应用中流行起来。胶囊是否会成功？未来的人工智能是否依赖于我提出的类似于网格细胞的机制？这些问题还有待探究。无论如何，参考系对于智能来说不可或缺。

我们再来看看动物。所有哺乳动物都有大脑新皮质，因此按照我对智能的定义，它们都是具有通用智能的学习者。每个大脑新皮质，无论大小，都拥有由皮质柱网格细胞定义的通用参考系。

老鼠的大脑新皮质较小，因此，相比于拥有更大的大脑新皮质的动物，其学习能力较弱。但是，老鼠仍然是具有智能的，这就好比烤面包机中的计算机也是一个通用图灵机。麻雀虽小，五脏俱全！烤面包机中的计算机很小，但也完整地实现了图灵构建计算机的思想。同样，老鼠的大脑很小，但也完整地实现了本章描述的学习特性。

在动物世界中，并非哺乳动物才具有智能。鸟类和章鱼也会学习并表现出复杂的行为。尽管它们是否拥有网格细胞、位置细胞或其他机制还有待探究，但几乎可以肯定的是，这些动物的大脑中也有参考系。

这些例子表明，几乎每一个表现出规划和复杂的面向目标行为的系统，无论是下国际象棋的计算机、自动驾驶汽车还是人类，都拥有参考系。参考系的类型决定了系统可以学习什么。为下棋等特定任务设计的参考系，在其他领域会失效。通用智能需要通用的参考系，这样的参考系可以应用于处理多种问题。

需要强调的是，不能依据机器执行一项或几项任务的情况来衡量智能。相反，智能是由机器如何学习和存储关于世界的知识决定的。人类之所以聪明，不是因为我们能把一件事做得特别好，而是因为我们能学会做几乎任何事。人类智能的极端灵活性需要本章中描述的特性：持续学习、通过运动学习、多重模型、使用参考系存储知识并生成面向目标的行为。我相信，未来几乎所有形式的机器智能都将具备这些特性，尽管这还有很长的路要走。

有些人认为我漏掉了与智能相关的最重要的话题：意识。我将在下一章讨论这个问题。

A THOUSAND BRAINS

当机器拥有意识

我最近参加了一个题为“智能机器时代的人类”的圆桌讨论。那天晚上，一位耶鲁大学的哲学教授说，如果机器有意识，那么可能从道义的角度来说，我们不该关掉它。也就是说，如果某物有意识，即使是一台机器，它就拥有道义上的权利，关掉它等同于谋杀。天哪！想象一下，你可能会因为拔掉计算机电源而被判入狱。我们应该为此而担忧吗？

一方面，大多数神经科学家并不怎么谈论意识。他们猜想，就像可以理解其他物理系统一样，我们也可以理解大脑。而无论意识是什么，人们也将以同样的方式来解释它。由于人们尚未就“意识”一词的含义达成一致，所以也无须担忧。

另一方面，哲学家热衷于谈论意识，并为此著书立说。有些哲学家认为，无法用物理知识描述意识。也就是说，人们即使完全了解了大脑是如何工作的，也不能解释意识。哲学家戴维·查默斯（David Chalmers）有句名言：意识是“困难的问题”，而理解大脑的工作机制是“简单的问题”。这句话很流行，现在许多人都认为意识本身就是无法解决的问题。

就我个人而言，我认为意识肯定是可以解释的。我不想和哲学家争辩，也不想试着给意识下定义。千脑智能理论为意识的几个方面提供了物理层面的解释。例如，大脑学习世界模型的方式与我们的自我意识和形成信念的方式密切相关。在本章中，我将描述大脑理论关于意识的几个方面的论断。我坚信人们现有的对大脑的认识，而未来还有哪些需要解释的问题，则由读者来决定了。

意识的核心

想象一下，我能把你的大脑重置到今天早上醒来时的状态。在重置之前，你起床后会和往常一样开始一天的生活。也许，你在这一天洗了车。在晚餐时，我会将你的大脑重置到起床的时间，清除白天发生的包括突触改变在内的所有变化。因此，你所有关于今天活动的记忆都会被抹去。重置大脑后，你会相信自己刚刚醒来。如果我告诉你，你今天洗了车，你一开始会否认。如果我给你看一段你洗车的视频，你可能会承认自己似乎确实洗过车，但你当时不可能是有意识的。你可能还会说，由于自己在做这些事的时候没有意识，就不应该为白天做的任何事负责。当然，你洗车的时候其实是有意识的。只有在删除了当天的记忆后，你才会坚信并声称自己没有洗过车。这个思想实验表明，有意识要求我们形成即时的关于动作的记忆。

有意识还要求我们形成即时的关于思维的记忆。回想一下，思维就是大脑中神经元的连续激活。就像记住旋律中的音符序列一样，我们能记住一连串的思维。如果我们不记得自己的想法，就意识不到做任意事情的原因。例如，我们都有过这样的经历：我们要到家里的某个房间做某件事，但一进入房间，就忘了为什么去那里。此时，我们经常会问自己：在来到这里之前，我在哪里？我在想什么？我们试图回忆起最近的想法，这样我们就能知道自己为什么站在厨房里。

当大脑正常工作时，神经元会对我们的思维和动作形成持续的记忆。因此，来到厨房时，我们可以回想起之前的想法，会回想起大脑中最近存储的记忆：吃掉了冰箱里最后一块蛋糕。这样，我们就能知道为什么要去厨房了。

大脑中活跃的神经元有时代表我们当前的经验，有时代表以前的经验或想法。这种机制既可以马上跳跃到过去，也可以向前滑动到现在，它赋予了我们存在感和意识。如果不能回忆起最近的想法和经历，那么我们就无法意识到自己还活着。

我们无法永远保留每个时刻的记忆，通常会在几小时或几天内忘记它们。我记得今天早餐吃了什么，但过一两天就会忘记。我们形成短期记忆的能力会随着年龄的增长而下降，这是很常见的。这就是为什么随着年龄的增长，我们会越来越频繁地问自己：“我为什么来这里？”

上述思想实验证明了，我们的知觉和存在感是意识的核心部分，它依赖于不断形成对最近的思想和经历的记忆，并在日常生活中回放它们。

现在，假设我们创造了一个智能机器，它利用与大脑相同的原理来学习世界模型。智能机器学习的世界模型的内部状态等同于大脑中神经元的状态。如果智能机器在这些状态出现时记住它们，并能回放这些记忆，那么它会像人类一样意识到自己的存在吗？我相信答案是肯定的。

如果你认为无法通过科学探索和已知的物理定律来解释意识，那么你可能会说：我已经证明了存储和回放大脑的状态是必要的，但还没有证明它是充分的。如果你持这种观点，那么你就有责任证明为什么它是不充分的。

对我来说，存在感，即感到我是世界上正在活动的智能体，是意识的核心。这很容易用神经元的活动来解释，并非很神秘。

感受质的来源是意识之谜

从眼睛、耳朵和皮肤连入大脑的神经纤维，看起来是一样的，不仅看起来一模一样，它们还使用相似的脉冲来传输信息。通过观察大脑的输入，你并不能分辨出它们代表什么。然而，视觉和听觉是不同的，而且这两者都不是脉冲状的。当你看到田园风光时，你感觉不到传入大脑的电脉冲。你看到的是山丘、色彩和阴影。

感受质（qualia）是指感觉输入被感知的方式，以及它们带来的感觉。感受质很难理解，既然所有感觉都是由相同的脉冲产生的，为什么看的感觉和摸的感觉不同呢？为什么一些输入的尖峰脉冲会导致疼痛感？这些问题看似很愚蠢，但是想象一下：大脑位于头骨中，它的输入只是尖峰脉冲，你就会觉得这很神秘。我们的感知从何而来？人们将感受质的来源视为意识之谜。

感受质是大脑学习的世界模型的一部分

感受质是主观的，这意味着它们是内在的经验。例如，即使用相同的词语来描述泡菜的味道，不同的人对泡菜味道的主观感受也是不同的。有时，我们实际上知道不同的人对相同的输入也会有着不同的感受。2015 年，一位苏格兰姑娘在互联网上发布了一张普通连衣裙的照片，有些人认为图中的连衣裙是白色、金色相间的，而有些人则认为连衣裙是黑色、蓝色相间的。人们对同一张图片中物体的颜色都可能会有不同的看法。这告诉我们，颜色的感受质不纯粹是客观世界的属性。如果颜色的感受质只与客观世界相关，我们都会对裙子的颜色持一样的看法。衣服的颜色是我们大脑学习的世界模型的一种属性。但如果两个人对相同输入的感受不同，那么他们大脑中的世界模型就是不同的。

我家附近有一个消防局，外面的车道上停着一辆红色的消防车。即使反射光的频率和强度不同，车的表面也总是呈现红色。光会随着太阳的照射角度、天气情况和消防车在车道上的朝向而变化，但我并没有感觉车的颜色在变化。这告诉我们，我们所感知的红色与光的特定频率之间并没有一一对应的关系。红色与光的特定频率相关，但我们所感知的红色并不总是对应于相同的频率。消防车的红色是大脑的产物，它是大脑关于消防车表面模型的特性，而不是光本身的特性。

通过运动学习某些感受质

如果说感受质是大脑学习的世界模型的属性，那么大脑是如何创造它们的？回想一下，大脑通过运动来学习世界模型。要知道咖啡杯摸起来是什么感觉，你必须将手指在咖啡杯上移动，触摸它的不同位置。

人们通过类似的运动方式来学习感受质。想象你手里拿着一张绿色的纸，你在看的同时转动它。首先，你直视这张纸，然后向左、向右、向上、向下转动它。在改变纸张的角度时，进入你眼睛的光的频率和强度就会改变，输入到大脑脉冲的模式也会随之改变。在转动纸张这样的物体时，你的大脑会预测光将如何变化。这个预测的过程肯定会发生，因为当你转动纸张时，如果光没有变化，或者它的变化与正常情况不同，你就会注意到有些地方不对劲儿。这是因为大脑具备物体表面在不同角度反射光线的模型。不同类型的表面有不同的模型。我们可以把一个表面模型叫作绿色，另一个叫作红色。

大脑如何学习表面颜色的模型？假设我们有一个名为“绿色”的曲面参考系。绿色的曲面参考系与咖啡杯等物体的参考系有一个重要的区别：咖啡杯的参考系表示大脑在杯身不同位置感知到的输入；绿色的曲面参考系表示大脑在表面不同方向上感知到的输入。你可能会很难想象一个表示方向的参考系，但从理论上说，这两种参考系是相似的。大脑用来学习咖啡杯模型的基本机制也可以用来学习颜色模型。

由于没有进一步的证据，我们无从知晓大脑是否确实是这样对颜色的感受质建模的。之所以提到上面的例子，是因为它表明我们可以为学习和体验感受质构建可测试的理论，并给出与神经有关的解释。一些人认为，感受质仍然属于正常的科学解释的范畴。

并非所有的感受质都是习得的。几乎可以肯定，疼痛感是天生的，它由特殊的疼痛感受器和旧脑结构调节，而不是由大脑新皮质调节。碰到滚烫的炉子，你在大脑新皮质意识到发生了什么之前，就会因疼痛而缩回手臂。因此，我们不能像理解绿色一样来理解疼痛，我认为绿色是在大脑新皮质中习得的。

我们觉得疼痛感出现在大脑的“外面”，它位于我们身体的某个地方。位置是疼痛感受质的一部分，我们可以很好地解释为什么会在不同的位置感觉到疼痛。但我无法解释为什么疼痛会让人产生这样的感觉，而其他的事情不会让人有这样的感觉。这一点并没有让我深感困扰。关于大脑，人们还有很多不了解的地方，但我们取得的稳步进展让我相信，这些问题以及其他与感受质有关的问题可以在神经科学研究的过程中得到解答。

关于意识的神经科学

有些神经科学家对意识进行研究。其中，一些神经科学家认为意识很可能无法通过常规的科学进行解释。他们研究大脑是为了寻找与意识相关的神经活动，但并不相信神经活动可以解释意识。他们认为，人类也许永远无法理解意识，或者它可能是由量子效应或未发现的物理定律创造的。就我个人而言，我无法理解这种观点。为什么我们要假设一些无法理解的东西呢？人类探索的漫长历史一次又一次地证明，起初看似无法理解的事情，最终都会得到合乎逻辑的解释。如果有科学家提出了一个离奇的观点——意识不能通过神经活动来解释，那我们应该持怀疑态度，而证明原因的责任应该落在他们身上。

还有一些研究意识的神经科学家认为，我们可以像理解其他物理现象一样理解意识。他们认为，意识之所以看起来很神秘，只是因为我们还不了解其机制，也许我们还没有正确地思考这个问题。我和我的同事属于这一阵营，普林斯顿大学的神经科学家迈克尔·格拉齐亚诺（Michael Graziano）也是如此。他提出，大脑新皮质的一个特定区域对注意力建模，类似于大脑新皮质的躯体神经对身体建模。他认为，大脑中的注意力模型使我们相信自己是有意识的，就像大脑中的身体模型使我们相信自己有一只胳膊或一条腿。格拉齐亚诺的理论是否正确尚未可知，但对我来说，这代表了正确的方法。请注意，他的理论以学习注意力模型的大脑新皮质为基础。如果他是对的，我坚信这个模型是使用和网格细胞一样的参考系建立的。

有意识的机器

如果意识真的只是一种物理现象，我们应该对智能机器和意识怀有怎样的期待？我毫不怀疑，与大脑工作原理相同的机器将会具有意识。人工智能系统现在还没有像这样工作，但它们未来会如此，而且它们会具有意识。我也毫不怀疑，许多动物，尤其是人以外的哺乳动物，也具有意识。发现了它们的大脑工作方式与我们类似，我们便可以判断它们是有意识的，无须它们告诉我们这些。

我们有道义不关掉有意识的机器吗？关掉它们相当于谋杀吗？不。我并不会为拔掉一台有意识机器的电源而担忧。人类每天晚上睡觉时都是“关机”的，我们醒来的时候会再次“开机”。在我看来，这和拔掉一台有意识机器的电源，然后再把电源插上没什么区别。

当智能机器的电源被拔掉，或永远不再插上电源，它会被摧毁吗？这难道不是和趁人睡觉时杀人类似吗？然而并非如此。

我们对死亡的恐惧是由旧脑产生的。如果我们发现了危及生命的情况，那么旧脑部分就会产生恐惧的感觉，我们就会开始以更本能的方式行动。失去亲近的人时，我们会感到悲伤。旧脑中的神经元在产生恐惧和情感时，会向体内释放激素和其他化学物质。大脑新皮质可能会帮助旧脑决定何时释放这些化学物质。但如果没有旧脑，我们就不会感知到恐惧或悲伤。对死亡的恐惧和对失去亲人的悲伤对于具有意识和智能的机器而言并不是必要的。除非我们特地赋予机器同样的恐惧和情感，否则它们根本不会在意自己是否被关闭、拆卸或报废。

人类有可能与智能机器产生感情。也许人和机器之间有很多共同的经历，人会觉得与之存在一种人际关系。在这种情况下，我们必须考虑关掉机器会对人类造成的伤害。但我们对智能机器本身并没有道德上的义务。我并不支持特地为智能机器赋予恐惧和情感，但智能和意识本身并不会造成这种道德困境。

生命与意识之谜

不久之前，“生命是什么？”这个问题和“意识是什么？”一样神秘。对许多人来说，“为什么有些物体是活的？”这个问题似乎超出了科学的解释范畴。1907 年，哲学家亨利·柏格森（Henri Bergson）提出了一个神秘的名词——生命的冲动（élan vital），它对解释生物和非生物之间的区别至关重要。根据柏格森的说法，无生命的物质在具有生命的冲动后便具有了生命。重要的是，生命的冲动并不是物理性质，无法通过常规的科学研究来理解它。

随着基因、DNA 和整个生物化学领域的研究发现，我们不再认为生物是无法解释的。关于生物还有许多未解之谜，比如它是如何起源的，在宇宙中是否常见，病毒是生物体吗，生物能否以不同的分子和化学方式存在。然而，我们已经看到了解决这些问题以及由此引发的争论的曙光。科学家不再争论生物是否可以解释。从某种程度上说，可以从生物学和化学的角度来理解生命。像生命的冲动这样的概念已成为历史。

我期待人们对意识的态度也会发生类似的变化。在未来的某一刻，我们将接受这样的观点：任何学习了世界模型的系统，会不断记住该模型的状态，并回忆起被记住的状态，这些系统都将是有意识的。虽然仍存在一些有待解决的问题，但是意识将不再被当作困难的问题，甚至不会被认为是一个问题。

A THOUSAND BRAINS

机器智能的未来

第 10 章　机器智能的未来

如今的人工智能并不够智能，还没有机器具有本书前几章中描述的灵活的建模能力。然而，没有任何技术原因阻止我们创造智能机器。障碍在于我们缺乏对智能的理解，也不知道产生智能所需的机制。通过研究大脑如何工作，我们在解决这些问题上取得了重大进展。在我看来，我们很有可能在未来的二三十年中，克服剩余的一切障碍，进入机器智能时代。

机器智能将改变我们的生活和整个社会。我相信它对 21 世纪的影响将超过计算机对 20 世纪的影响。但是，就像大多数新技术一样，我们不可能确切地知道这种转变将如何实现。历史表明，我们无法预测将推动机器智能向前发展的技术进步。1950 年，没有人能够预测那些推动计算机加速发展的创新和进步，例如集成电路、固态存储器、蜂窝无线网络通信、公钥加密技术，以及互联网。同样，也没有人预料到计算机将如何改变媒体、通信和商业。我相信，我们今天同样不知道智能机器将会是什么样子，以及 70 年后我们将如何使用它。

虽然我们不知道未来的细节，但千脑智能理论可以帮助我们划定一条界限。了解大脑产生智能的机制，我们就能知道什么是可能做到的，什么是不可能的，以及什么样的进步在某种程度上是可能实现的。这就是本章要介绍的内容。

设计智能机器

谈到机器智能，最重要的是要记住第 2 章讨论的大脑的划分：旧脑与新脑。回想一下，人类大脑中，较早进化出的部分控制着生命的基本功能。它们创造了人类的情感，生存和繁衍的欲望，以及人类先天的行为。在创造智能机器时，我们不必复制人类大脑的所有功能。新脑，即大脑新皮质，是体现人类智能的器官，智能机器需要具备与之相当的东西。至于大脑的其他部分，我们可以选出一些我们想要的部分。

智能是一种系统学习世界模型的能力。然而，由此产生的模型本身没有价值，没有情感，也没有目标。目标和价值由使用该模型的系统提供。这与 16 世纪至 20 世纪的探险家绘制精确的地图的情况类似。一个将军可能会利用地图来计划包围和消灭敌军的最佳方法。商人可以利用完全相同的地图和平地交换货物。地图本身并没有规定这些用途，也没有赋予它的使用方式任何价值。它就是一张既不凶残也不爱好和平的地图。当然，地图的细节和覆盖范围各不相同。因此，有些地图可能更适用于战争，而有些地图则更适用于贸易。但发动战争或进行贸易的欲望均来自使用地图的人。

同样，大脑新皮质会学习一个世界模型，这个模型本身并没有目标或价值。指导我们行为的情感是由旧脑决定的，如果一个人的旧脑具有攻击性，那么它就会使用大脑新皮质中的模型更好地实施攻击性行为。如果另一个人的旧脑是仁慈的，那么它就会使用大脑新皮质中的模型更好地实现它仁慈的目标。就像地图一样，一个人大脑新皮质中的世界模型可能更适合一组特定的目标，但大脑新皮质并不能创造目标。

智能机器需要一种世界模型，以及这种模型带来的行为灵活性，但它们不需要拥有类似人类的生存和繁衍本能。事实上，设计一台具有人类情感的机器比设计一台具有智能的机器要困难得多，因为旧脑由许多器官组成（如杏仁核和下丘脑），每个器官都有各自的结构和功能。为了构建一个拥有人类情感的机器，我们就必须重建旧脑中的各个部分。大脑新皮质虽然比旧脑大得多，但它由许多相对较小的元素——皮质柱组成。知道如何构建皮质柱后，再将大量的皮质柱放入机器中使其变得更智能就相对容易了。

设计智能机器可以从三个部分着手：具身（embodiment）、旧脑部分、大脑新皮质。每个组件都有很大的自由度，因此将会产生许多类型的智能机器。

具身

如前文所述，人类通过运动学习。为了学习建筑的模型，我们必须挨个房间地走遍该建筑。要学习一种新工具，我们必须把它握在手里，不断转动它，用眼睛观察并注意其不同部位。基本上，要学习世界的模型，需要移动一个或多个与世界上的事物相关的传感器。

智能机器还需要传感器和移动这些传感器的能力。这被称为“具身”。具身可以是一个看起来像人、狗或蛇的机器人，可以以非生物的形式存在，如一辆汽车或一个十臂工业机器人。具身甚至可以是虚拟的，如探索互联网的机器人。虚拟身体的想法可能听起来很奇怪，它要求智能系统可以执行改变传感器位置的动作，但动作和位置不一定存在于物理空间。浏览网页时，你从一个位置移到另一个位置，感觉到的是每个新网站的变化。我们通过在物理空间移动鼠标或触摸屏幕来实现这一点，但智能机器只需使用软件就可以在不进行运动的前提下做到同样的事。当下的大多数深度学习网络都没有一个具身。它们没有可移动的传感器，也没有参考系确定传感器的方位。在没有具身的情况下，能学到的东西是有限的。

可用于智能机器的传感器几乎有无限种。人类的主要感官是视觉、触觉和听觉；蝙蝠则拥有声呐；有些鱼拥有能发出电场的感官。就视觉器官而言，有带晶状体的眼睛（如人类的眼睛）、复眼和能看到红外线或紫外线的眼睛。我们很容易想象出为特定问题设计的新型传感器。一个能够在倒塌的建筑物中营救人类的机器人可能有雷达传感器，这样它就能在黑暗中看到东西。

人类的视觉、触觉和听觉都是通过传感器阵列实现的。例如，眼睛不是一个单一的传感器，它包含数千个排列在眼睛后面的传感器。同样，人体皮肤上也排列着数千个传感器。智能机器也将拥有传感器阵列。想象一下，如果你只有一根手指可以触摸，或者你只能透过一根狭窄的管子看世界，你仍然能够了解这个世界，但这将需要更长的时间，你能够执行的动作也将受到限制。可以想象，能力有限的简单的智能机器只有几个传感器。一台具有接近或超过人类智能的机器就像人一样，将拥有大规模的传感器阵列。

嗅觉和味觉与视觉和触觉在性质上是不同的。除非我们像狗一样，把鼻子直接放在一个物体表面，否则很难准确地嗅出气味的位置。与此类似，感知嘴里的东西时，味觉也具有局限性。气味和味道可以帮助我们判断食物是否安全，气味可以帮助我们确定一个大致的区域，但我们不会过于依赖它们来了解世界的详细结构。这是因为我们不能轻易地将气味和味道与特定的位置联系起来，而不是因为这些感官的固有限制。例如，我们可以在智能机器的身体表面安装一组类似于味觉的化学传感器，让机器以人类感知纹理的方式感知化学物质。

听觉介于二者之间。通过利用两只耳朵和声音从外耳反射的方式，我们的大脑可以比定位气味或味道更好地定位声音，但这种定位能力仍然不如视觉和触觉。

重要的是，智能机器要想学习世界模型，就需要可以移动的感觉输入。每个单独的传感器需要与一个参考系相关联，该参考系跟踪传感器相对于事物的位置。智能机器可以拥有许多不同类型的传感器。对于任何特定应用来说，最好的传感器取决于机器所处的环境以及我们希望机器学习的内容。

未来，我们可能会创造具有独特具身的机器。例如，一个存在于单个细胞内、了解蛋白质的智能机器。蛋白质是长分子，可以自然折叠成复杂的形状。蛋白质分子的形状决定了它的作用。如果我们能更好地理解蛋白质的形状，并根据需要对它们进行操作，这将给医学领域带来巨大的好处，但我们的大脑并不擅长理解蛋白质。我们无法感知蛋白质，也无法直接与它们互动。甚至蛋白质起作用的速度也比大脑的处理速度快得多。然而，我们有可能创造出能够理解和操作蛋白质的智能机器，就像人类理解和操作咖啡杯和智能手机一样。智能蛋白质机器（intelligence protein machine）的大脑可能存在于一个典型的计算机中，但该智能机器的运动和传感器的作用范围非常小，是在细胞内部。它的传感器可以检测氨基酸、不同类型的蛋白质折叠或特定的化学键。它的动作可能包括相对于蛋白质移动传感器，就像你在咖啡杯上移动手指一样。它可能有刺激蛋白质改变其形状的动作，类似于你触摸智能手机屏幕改变它显示的内容。智能蛋白质机器可以学习细胞内部世界的模型，然后使用这个模型来实现预期的目标，比如消除坏蛋白和修复受损蛋白。

分布式大脑是另一种不同寻常的具身。人类的大脑新皮质大约有15万根皮质柱，每根皮质柱都对它能感知的部分世界建模。智能机器的各根皮质柱并不一定要像生物大脑中的皮质柱那样彼此相邻。一个智能机器可能有数百万根皮质柱和数千个传感器阵列。传感器和相关的模型可以实际分布在地球上、海洋中或整个太阳系。例如，一个传感器分布于地球表面的智能机器可能会像人类理解智能手机的行为一样理解全球的天气。

我不知道人类是否有可能制造出智能蛋白质机器，也不知道分布式智能机器会有多大价值。我举上面的这些例子是为了激发读者的想象力，因为它们是可能实现的。关键要明白，智能机器可能会有许多不同的形式。当我们思考机器智能的未来及其影响时，需要大开脑洞，而不是将我们的想法局限于人类和其他存在智能的动物。

旧脑部分

要创造一台智能机器，需要大脑的旧脑部分。在前文中，我说过我们不需要复制旧脑区域。总的来说，这是正确的，但智能机器也需要一些旧脑的功能。

基本的运动就是其中一项需求。回想一下，大脑新皮质并不直接控制任何肌肉。当大脑新皮质想做某事时，它会向大脑中更直接控制运动的旧脑发送信号，例如，用双脚保持平衡、行走、奔跑等动作都是由旧脑部分执行的。你不需要依靠大脑新皮质来保持平衡、行走和奔跑。这是说得通的，因为动物在进化出大脑新皮质之前，就需要走和跑了。那么，为什么我们要让大脑新皮质思考，在逃离捕食者的过程中每一步应该怎么走呢？

这又是必需的吗？我们能否创造一台智能机器，让其相当于大脑新皮质的部分直接控制运动？我认为这是行不通的。大脑新皮质实现了一个近乎通用的算法，但这种灵活性是有代价的。大脑新皮质必须连接到已经拥有传感器和行为的东西上。它并没有创造出全新的行为，而是学习如何以新的和有用的方式将现有的行为组合在一起。行为的原语（primitive）可以像弯曲手指那样简单，也可以像走路那样复杂，但大脑新皮质要求这些行为本身存在。旧脑部分的行为原语并非都是固定的，它们也可以随着学习而改变。因此，大脑新皮质也必须不断地进行调整。

应该内置与机器具身密切相关的行为。例如，假设我们有一架无人机，旨在为遭受自然灾害的人们运送紧急物资。我们可以让无人机智能化，让它自己评估哪些地区最需要帮助，并且在运送物资时与其他无人机协作。无人机的“大脑新皮质”不能控制飞行的所有方面，我们也不希望它这样做。无人机应该具有稳定飞行、着陆、避障等内置行为，但它的智能部分不需要考虑飞行控制，就像人类的大脑新皮质不需要考虑双脚平衡一样。

此外，智能机器还需要内置安全性。科幻小说作家艾萨克·阿西莫夫（Isaac Asimov）提出了著名的“机器人三定律”。这三条定律就好似一份安全协议：

- 第一定律：机器人不得伤害人类，也不得无视人类受到伤害。
- 第二定律：机器人必须服从人类的命令，除非这些命令违反了第一定律。
- 第三定律：在不违反第一定律和第二定律的前提下，机器人必须保护自己。

阿西莫夫的机器人三定律是在科幻小说中提出的，并不一定适用于所有形式的机器智能。但任何产品设计，都需要考虑一些安全措施。这些安全措施可以很简单。例如，汽车有一个内置的安全系统以避免事故。通常情况下，汽车会遵循司机的指令，司机通过油门和刹车踏板传达指令。然而，如果汽车发现司机要撞上一个障碍物，它就会无视司机的指令，采取制动措施。你可以认为这辆车遵循了阿西莫夫的第一定律和第二定律，或者你也可以说，设计汽车的工程师在车里设置了一些安全功能。智能机器也会有内置的安全行为。尽管这些需求并非智能机器所独有，但为了完整性考虑，本书也将这部分内容包含了进来。

我还要声明一点：智能机器必须有目标和动机。人的目标和动机很复杂，有些是由我们的基因驱动的，比如对性、食物和住所的渴望。恐惧、愤怒和嫉妒等情绪也会对我们的行为产生很大影响。我们的一些目标和动机更多是社会性的，例如，对成功人生的定义会因文化而异。

智能机器也需要目标和动机。我们将一对建筑机器人送到火星上，并不只是想看它们整天躺在阳光下充电。那么，我们如何赋予智能机器目标呢？这样做有风险吗？

我们首先要记住大脑新皮质本身并不会创造目标、动机或情绪。回想一下前文对大脑新皮质和世界地图所做的类比。地图可以告诉我们如何从当前位置到达想去的地方，采取各种行为分别将会发生什么，以及在不同的地方有什么东西。但地图本身并没有动机。地图不会想要去某个地方，也不会自发地形成目标或野心，大脑新皮质也是如此。

大脑新皮质与动机和目标影响行为的方式紧密相关，但大脑新皮质并不引导行为。为了了解其中的工作机制，不妨想象一下旧脑与大脑新皮质的对话。旧脑说："我饿了。我想要食物。"大脑新皮质的反应是："我找到了食物，并且发现附近有两个有食物的地方。要想到达其中一个地方，我要沿着一条河走。要想到达另一个地方，我要穿过一片有老虎活动的开阔地带。"大脑新皮质在不带有任何价值判断的情况下平静地说出这些话。然而，旧脑区域会将老虎与危险联系在一起。一听到"老虎"这个词，旧脑就开始行动起来。它向血液中释放化学物质，提高你的心率，并引起其他与恐惧有关的生理反应。旧脑可能还会释放一种叫作神经调节剂的化学物质，直接进入大脑新皮质的广阔区域中，大致是告诉大脑新皮质："不管你刚才在想什么，都不要那样做。"

赋予机器目标和动机，需要我们为目标和动机设计特定的机制，然后将它们嵌入机器的具身。目标可以是固定的，正如我们遗传了对进食的渴望；目标也可以后天习得，就像我们向往过上美好生活这样的由社会决定的目标。当然，任何目标都必须建立在阿西莫夫第一定律和第二定律这样的安全措施之上。总而言之，智能机器需要某种形式的目标和动机，然而，目标和动机不是智能的结果，也不会自行出现。

大脑新皮质

设计智能机器的第三个要素是一个与大脑新皮质具有相同功能的通用学习系统。同样，这也有很多设计选项，在这里我们将讨论其中的两个：速度和容量。

速度

神经元做出有用的行为至少需要 5 毫秒。硅晶管的运行速度是神经元的 100 万倍。因此，由硅制成的大脑新皮质可能是人类思考和学习速度的 100 万倍。很难想象思考速度如此巨大的提升会带来什么。但在开始天马行空的想象之前，需要指出的是，一个智能机器的一部分速度是生物大脑的 100 万倍，并不代表整个智能机器的速度也可以达到这一水平，也不代表它习得知识的速度会这么快。

回想一下前文中讲到的建筑机器人，我们把它们送到火星为人类建造栖息地。它们也许可以快速地思考和分析问题，但实际上也只能将施工进度加快一点点。它们无法过快地移动沉重的建筑材料，否则就会被压弯甚至断裂。如果一个机器人需要在金属上钻孔，它钻孔的速度也不会比人快。当然，建筑机器人可能会不知疲倦地不停工作，且出错更少。因此，如果使用智能机器，人类在火星创造宜居环境的整个过程可能会快几倍，但不会快 100 万倍。

再来看另一个例子：如果让智能机器来做神经科学家的工作，其思考速度能比人类快 100 万倍吗？神经科学家花了几十年时间对大脑的理解才达到目前的水平。通过人工智能创建的“神经科学家”能够在一小时以内，以快 100 万倍的速度取得这样的进步吗？我认为不可能。像我和我的团队中的科学家都是理论家。我们把时间花在阅读论文、讨论各种可能的理论和编写软件上。原则上，其中一些工作可以由智能机器更快地完成，但是我们的软件模拟仍然需要几天才能运行完。另外，我们的理论并不是凭空发展起来的，而是依赖于实验。本书中讲述的大脑理论受到了数百个实验室实验结果的启发。即使思考速度提高了 100 万倍，我们仍需等待实验人员发表他们的实验结果，而他们也无法大幅加快实验速度。例如，在实验中，我们需要训练老鼠，收集数据。我们无法进一步提升老鼠的速度。同样，用智能机器代替人类来研究神经科学可以加快科学发现的速度，但不会快 100 万倍。

神经科学并不是特例，几乎所有的科学探索都依赖于实验数据。现在有许多关于空间和时间本质的理论。要判断这些理论是否正确，就需要新的实验数据。如果有一些智能机器宇宙学家，它们比人类宇宙学家的思考速度快 100 万倍，也许能够很快地产生新的理论，但我们仍然需要建造太空望远镜和地下粒子探测器来收集所需的数据，从而判断这些理论是否正确。我们不能大幅加快望远镜和粒子探测器的研制速度，也不能缩短它们收集数据的时间。

智能机器也可以大幅加快一些领域的研究工作。数学家的主要工作是思考、写作和分享思路。理论上，智能机器处理某些数学问题的速度是人类数学家的 100 万倍。虚拟智能机器爬取互联网上的数据也是一个很好的例子。智能网络爬虫学习的速度受限于它通过跟踪链接"移动"并打开文件的速度。这个过程可以非常快。

我们可以将现在的计算机比作我们期待发生的事情。计算机会完成人类以前用手完成的任务，它的速度比人类要快 100 万倍。计算机改变了我们的社会，并极大地提高了我们进行科学和医学发现的能力。但是计算机并没有使我们做这些事情的速度变为之前的 100 万倍。智能机器也将对人类社会和人类进行科学发现的速度产生类似的影响。

容量

芒卡斯尔认为通过复制相同的脑回路和皮质柱，我们的大脑新皮质变大了，我们变得更聪明了。机器智能也可以遵循同样的机制。只要我们完全了解了皮质柱的作用以及如何利用硅制造皮质柱，那么通过使用更多或更少的皮质柱元素来制造各种容量的智能机器就会变得相对容易了。

我们能制造出的人造大脑并没有明显的大小限制。一个人的大脑新皮质包含 15 万根皮质柱，如果我们制造出一个拥有 1.5 亿根皮质柱的人造大脑新皮质，会发生什么？人造大脑拥有的皮质柱是人类大脑的 1000 倍，这有什么好处呢？我们还不知道这些问题的答案，但有一些观察发现值得分享。

每个人大脑新皮质区的大小差别都很大。V1 区是主要视觉脑区，某些人的 V1 区可能是其他人的两倍大。每个人的 V1 区厚度都一样，但是面积和皮质柱的数量可能是不同的。一个 V1 区相对较小的人和一个 V1 区相对较大的人都有正常的视力，他们都不会觉察到这种差别。然而，V1 区较大的人会有更高的敏锐度，这也就意味着他们可以看到更小的东西。对于钟表匠而言，这可能会很有用。以此类推，扩大大脑新皮质的某些区域可能会产生一些影响，但不会给你带来某种超能力。

我们可以创造更多的区域，并以更复杂的方式将它们连接起来，而不是扩大每个区域。从某种程度上说，这就是猴子和人类的区别。猴子的视觉能力与人类相似，但人类的整体大脑新皮质更大，包含更多的区域。大多数人都会认为人类比猴子聪明，我们的大脑对世界建立的模型更深刻、更全面。这表明，智能机器可以在理解深度上超越人类。这并不一定意味着人类不能理解智能机器学习的东西。这就好比即使我不可能得出爱因斯坦那样的发现，但我也能理解他的发现。

我们还可以从另一个角度来考虑容量。人类大脑的大部分都由脑回路组成，轴突和树突将神经元连接在一起。这种结构需要很多的能量和空间。为了节省能量，大脑被迫限制脑回路，从而限制了可以轻松学习的内容。我们刚出生时，大脑新皮质中的脑回路数量过多。在接下来的几年里，脑回路的数量会显著下降。我们推测，大脑正在学习哪些回路是有用的，哪些则与孩子的早期生活经验不符。然而，移除未被使用的回路也有负面影响，会导致我们在以后的生活中学习新知识变得困难。例如，如果一个孩子在生命早期没有接触多种语言，那么流利使用多种语言的能力就会下降。同样，如果一个孩子的眼睛在生命早期失去了功能，即使眼睛后来经过修复，孩子也将永远失去看东西的能力。这可能是由于缺乏使用而导致多语言和视觉所需的一些连接丢失了。

智能机器没有与脑回路相关的约束。在我的团队创造的大脑新皮质的软件模型中，我们可以立即建立任意两组神经元之间的连接。与大脑中的回路不同，软件可以形成所有可能的连接。这种连接上的灵活性可能是机器智能相对于生物智能的优势之一。它让智能机器可以保留所有的可能性，因为它消除了成人在尝试学习新事物时面临的障碍之一。

可复制的机器智能

机器智能与人类智能的另一个不同之处在于，智能机器可以被复制。每个人都必须从头开始学习一个世界模型。我们在生命之初几乎一无所知，然后花费几十年的时间学习。我们上学是为了学习，读书也是为了学习，当然也会通过个人经历来学习。智能机器也必须学习世界模型。然而，与人类不同的是，我们可以在任何时候复制智能机器，克隆它。假设我们有一个标准化的智能火星机器人的硬件设计，我们可能会在一个类似于学校的地方来教机器人有关建筑方法、材料，以及如何使用工具等方面的知识。这项训练可能需要数年才能完成。但只要机器人的能力达到令人满意的程度，我们就可以将它学习的连接迁移到其他十几个相同的机器人上，从而创造副本。之后，我们便可以对机器人重新编程，加入改进的设计或全新的技能。

机器智能未知的未来应用

每创造一项新技术，我们都会想象用它来取代或改进我们熟悉的东西。随着时间的推移，没有人能预料到的新用途出现了，而正是这些意想不到的用途通常会成为最重要的用途，并会改变整个社会。互联网的发明是为了在科学和军事计算机之间共享文件，这些工作在以前是人力完成的，但现在可以更快、更高效地完成。互联网共享文件这个用途依然存在，但更重要的是，它从根本上改变了娱乐、商业、制造业和个人通信，甚至改变了我们的读写方式。互联网协议刚出现时，很少有人能预见这些社会变化。

机器智能也将经历类似的转变。如今，大多数人工智能科学家重点关注让机器做那些人类可以做的事情，从语言识别、图片分类到开车。人工智能的目标是模仿人类，这一概念在著名的“图灵测试”中得到了体现。图灵测试是图灵提出的“模仿游戏”。图灵测试规定，如果一个人不能分辨自己是在和计算机交谈，还是在和人交谈，那么我们就认为该计算机具备智能。很可惜，这种将类人能力作为衡量智能的标准的做法弊大于利。人们对于让计算机下围棋等任务产生的兴奋，干扰了我们对智能机器终极影响的想象。

当然，我们将使用智能机器来做人类今天在做的事情。这将包括危险性工作和危害健康的工作，这些工作可能对人类来说风险太大，如深海修理或清理有毒物质泄漏。我们还将使用智能机器来完成缺乏足够人力完成的任务，比如看护老人。有些人还想用智能机器取代人去完成高薪工作。我们必须努力找到正确的解决方案，以解决其中一些应用将会面临的困难问题。

我们能对无法预测的智能机器的应用说些什么呢？虽然没有人知道未来的具体情况，但我们可以尝试确定大的设想和趋势，从而预测人工智能会在哪些意想不到的方向上得到应用。学习科学知识是我发现的一个令人激动的应用。人类想要学习，于是被吸引着去探索，去寻求知识，去理解未知。我们想知道宇宙之谜的答案：它是如何开始的？它将如何结束？生命在宇宙中常见吗？还有其他智能生物吗？人类依靠大脑新皮质去探索这些知识。当智能机器能比我们思考得更快更深入，能感知我们感知不到的东西，能去我们无法去的地方旅行，谁知道我们会学到什么。这种可能性真令人兴奋！

不是每个人都像我一样对机器智能的好处持乐观态度，有些人认为它是对人类最大的威胁。我将在第 11 章讨论机器智能存在的风险。

A THOUSAND BRAINS

第11章 机器智能存在的风险

第 11 章　机器智能存在的风险

21 世纪初，人们认为人工智能是一个失败的领域。在创办 Numenta 时，我们进行了市场调研，看看可以用什么词来描述我们的工作。我们了解到，几乎所有人都对人工智能持负面看法。没有公司会考虑用与人工智能相关的词来描述他们的产品。人们普遍认为，制造智能机器的尝试已经停滞不前，可能永远也不会成功。不到 10 年，人们对人工智能的态度完全改变了。这是目前最热门的研究领域之一，很多公司都把"人工智能"这个名字应用到几乎所有涉及机器学习的领域。

更令人惊讶的是，技术专家对人工智能的态度也从"人工智能可能永远不会实现"快速转变为"人工智能可能在不久的将来毁灭所有人类"。人们成立了一些非营利机构和智库，以研究人工智能存在的风险，许多知名的技术专家、科学家和哲学家已经公开警告说，制造智能机器可能会迅速导致人类被征服或灭绝。现在，许多人认为人工智能会对人类生存造成威胁。

每一项新技术都可能会被滥用，从而造成伤害。即使是今天有不足之处的人工智能也被用来跟踪人类、干扰选举、作为夸大宣传手段等。

当我们拥有真正智能的机器时，这种滥用将会变得更加严重。例如，将武器变得智能和自动化这样的想法是很可怕的。试想，智能无人机不再运送药品和食物，而是运送武器，结果会怎么样？智能武器可以在没有人类监督的情况下行动，因此它们可以将数以万计的武器部署在不同的地方。我们必须直面这些威胁，制定政策，防止不良后果的发生。

坏人会试图利用智能机器剥夺他人的自由、威胁他人的生命，但在大多数情况下，一个人利用智能机器做坏事不太可能导致全人类灭绝。此外，人们关于人工智能存在的风险方面的担忧，在性质上是不同的。坏人利用智能机器做坏事是一回事，而如果智能机器本身就是坏人，并决定消灭人类，就是另一回事了。我只打算讨论后一种可能性，即人工智能本身存在威胁，我的目的不是要降低人们滥用人工智能所带来的重大风险。

人们对机器智能存在的风险主要有两方面的担忧。一方面的担忧是智能爆炸，指的是人类创造了比自身更聪明的机器。这些机器几乎在所有方面，包括创造智能机器方面，都比人类出色。我们让智能机器创造出新的智能机器，从而产生更智能的机器。每一代智能机器问世的时间间隔会越来越短，不久之后，机器的智能就会远远超过我们，这样一来，我们根本无法理解它们在做什么。此时，机器可能就会摆脱我们，因为它们不再需要我们（人类灭绝），或者它们可能决定容忍我们，因为我们对它们有用（人类被征服）。

另一方面的担忧是目标失调，指的是智能机器追求与我们的福祉相反的目标，而我们无法阻止它们。技术专家和哲学家已经设想了几种这样的情况。例如，智能机器可能会自发地发展对我们有害的目标，或者，它们可能会追求我们赋予它们的目标，但会以十分残酷的方式实现这些目标，最终消耗地球上所有的资源，在这个过程中，地球不再适合人类居住。

所有这些存在风险的场景都有一个假设的前提：我们失去了对自己创造的智能机器的控制。智能机器阻止我们关掉它们或者妨碍它们以其他方式追求其目标。智能机器可能会进行复制，创造出数百万个智能机器副本，或者单个智能机器可能变得无所不能。无论出现哪种情况，机器都将比人类更聪明。

每当看到这些担忧，我就会觉得这些争论是在没有理解什么是智能的情况下提出的。这些争论似乎都是疯狂的假想，不仅是基于错误的科技概念，而且是基于对智能的错误理解。接下来，我将凭借我们所了解的大脑和生物智能的相关知识来考虑这些问题，看看这些担忧是否成立。

智能爆炸的威胁

智能需要一个世界模型。我们利用世界模型来识别所处的位置，并计划行动。我们也利用该模型来识别物体，操纵它们，并预测我们这些行为的后果。当我们想要完成某件事的时候，无论这件事是像冲咖啡一样简单还是像推翻一项法律一样复杂，我们都会利用大脑中的模型决定应该采取怎样的行为来得到期望的结果。

除了少数例外，学习新思想和新技能需要与世界进行客观上的互动。最近，科学家在太阳系外发现了行星，这首先需要制造一种新型望远镜，然后用几年的时间收集数据。无论大脑有多大、思考速度有多快，都不可能仅凭思考就能知道太阳系外行星的分布和组成。即使是机器，也不可能跳过发现的观察阶段。要想学习驾驶直升机，就需要了解你的行为上的微妙变化会对飞行造成哪些微妙的影响。实践是学习这些感觉－运动关系的唯一方法。也许机器可通过仿真器进行模拟飞行，理论上，通过这种方法可能比驾驶真正的直升机学得要快，但仍然需要投入时间。经营一家生产计算机芯片的工厂需要多年的实践。你可以阅读关于芯片制造的书，但专家已了解了制造过程中可能出错的细节部分以及如何解决这些错误。这种经验是不可替代的。

智能不是一种可以在软件中编程的东西，也无法确定为一连串规则和事实。我们可以赋予智能机器学习世界模型的能力，但它必须学习组成模型的知识，而学习需要时间。正如第 10 章所述，尽管我们可以制造出运行速度为生物大脑运行速度 100 万倍的智能机器，但它们获取新知识的速度不可能是生物大脑的 100 万倍。

无论大脑有多大，运行速度有多快，获取新知识和技能都需要时间。在数学等领域，智能机器可以比人类学得更快。然而，在大多数领域，学习的速度会受到与世界进行客观互动这一需要的限制。因此，机器不可能突然知道得比我们多，智能爆炸的威胁不可能出现。

智能爆炸的支持者有时会谈论“超人智能”，即智能机器在所有方面和所有任务上都有超越人类的表现。想想这意味着什么！一个超人智能机器可以熟练地驾驶各种类型的飞机，操作各种类型的机器，用各种编程语言编写软件。它会说每一种语言，了解世界上每一种文化的历史和每一座城市的建筑。全体人类可以完成的事情是如此之多，以至于没有任何机器能在所有领域都超越人类。

超人智能也是不可能实现的，因为我们对世界的了解是不断变化和扩大的。例如，想象一下，一些科学家发现了一种新的量子通信方式，可以实现超远距离的信息即时传输。起初，只有发现这一现象的人类才知道它是怎么回事。如果这一发现以实验结果为基础，没有人能想到它，无论机器多么聪明，同样也无法想到。除非你认为智能机器已经取代了世界上所有的科学家，以及所有领域的人类专家，否则有些人总是比智能机器更擅长做某些事。这就是我们今天生活的世界。没有一个人是无所不知的。这并不是因为没有人足够聪明，而是因为没有一个人可以无处不在、无所不能。智能机器也是如此。

请注意，目前大多数取得成功的人工智能技术都是针对静态任务的，这些问题既不会随时间而改变，也不需要持续学习。例如，围棋的规则是固定的，计算器执行的数学运算是不变的。对图像进行分类的系统也是使用一组固定的标签进行训练和测试的。对于这样的静态任务，专用的解决方案不仅可以超越人类，而且可以在无限程度上超越人类。然而，世界上的大多数情况都不是固定的，我们需要执行的任务是不断变化的。在这样一个世界里，没有人或机器能够在任意一项任务上拥有永久的优势，更不用说所有的任务了。

担心智能爆炸的人把智能描述成一种可以由尚未发现的秘诀创造出来的东西。一旦这个秘诀为人所知，它就可以得到越来越广泛的应用，从而催生出超级智能机器。我同意创造智能确实需要秘诀，这个秘诀就是：智能是通过世界上数以千计的小模型创造出来的，每个模型都使用参考系来存储知识并创造行为。然而，将这种成分添加到机器中并不能立即赋予机器任何功能。参考系只是为学习提供了一个基础，赋予机器学习世界模型的能力，从而使机器获得知识和技能。你可以通过旋转厨房灶台上的旋钮来提高温度，但没有一个类似的旋钮来增长机器的知识。

目标失调的威胁

当智能机器追求的目标对人类有害，而人类无法阻止它时，目标失调这种威胁就会出现。它有时被称为“巫师的学徒”问题。歌德在故事中写道：一个巫师的学徒用魔法让扫帚去取水。随后，他意识到自己不知道如何让扫帚停止取水，于是便试着用斧头砍扫帚，结果却招来更多的扫帚和水。令人担忧的是，智能机器可能也会做一些我们让它做的事，但当我们让它停下来时，它会将停止指令视为完成之前的目标的障碍，从而为了实现之前的目标不惜一切代价。“要求机器最大限度地生产回形针”是一个常见的目标失调的例子。一旦机器开始执行这项任务，便没有什么能够阻止它，它要把地球上所有的资源都变成回形针。

目标失调这一威胁取决于两种不可能满足的条件：

- 尽管智能机器接受了我们的第一个请求，但它会忽略后续的请求。
- 智能机器有能力征用地球上足够多的资源，让人类无法阻止它。

我多次指出，智能是一种学习世界模型的能力。模型就像地图一样，可以告诉你如何实现某件事，但它本身没有目标或动机。智能机器的设计者必须特地设计动机。我们为什么要设计出这样一种智能机器，它会接受我们的某个请求，却忽视之后的所有请求？这就好比在设计一辆自动驾驶汽车时，一旦你告诉它你想去哪里，它就会忽略你提出的任何进一步的请求，比如停车或开到其他地方。此外，假定我们设计的是自动驾驶汽车，它会锁上所有的门，并断开与方向盘、刹车踏板、电源按钮等部件的连接。请注意，自动驾驶汽车不会自行制定目标。当然，人们可以设计出追求汽车自己的目标而无视人类请求的车。这样的车可能会造成伤害。但即使有人真的设计出了这样的机器，如果不满足第二个条件，它也不会成为存在的威胁。

目标失调风险的第二个条件是，智能机器可以征用地球上足够多的资源来追求它的目标，或者通过其他方法让人类无法阻止它。很难想象这种情况会发生。要做到这一点，智能机器需要控制世界上绝大多数的通信、生产和运输资源。显然，一辆不听话的智能汽车做不到这一点。智能机器让人类无法阻止它的一个可能的方法是：胁迫人类。例如，如果让一台智能机器负责核武器，那么它可能会说："如果你试图阻止我，我就把我们都炸了。"或者，如果一台智能机器控制了互联网的大部分资源，它可能会威胁通过破坏通信和商业来造成混乱。

我们对人类也有类似的担忧。这就是为什么没有一个人或实体可以控制整个互联网，为什么我们需要多人确认才能发射核导弹。除非我们特地赋予智能机器这种能力，否则它们不会发展错位的目标。即使它们有这样的目标，也没有机器可以在没有人类允许的情况下征用地球上的资源。我们不会让一个人甚至是极小部分人，掌握世界上的所有资源，对机器也是如此。

智能机器并不会威胁人类的生存

我相信，智能机器不会对人类构成生存风险。持不同意见的人通常会这样反驳：纵观历史，土著居民都有类似的安全感。但当拥有先进武器和技术的外国人出现时，土著居民会被征服和摧毁。他们认为，他们也同样脆弱，不能相信自己的安全感。他们无法想象机器比他们聪明多少、快多少、强大多少，因此他们很脆弱。

这种观点有一定的道理。一些智能机器将比人类更聪明、更高效、更有能力。那么，需要关注的问题又回到了动机上。智能机器会想接管地球、征服人类，或做任何可能伤害人类的事情吗？土著文化的毁灭是由于侵略者有贪婪、追求名利和对统治的渴望等动机，这些动机都是由旧脑驱动的。先进的技术帮助了侵略者，但这并不是导致大屠杀的根本原因。

同样，智能机器不会有和人类一样的情感和动机，除非我们将这样的情感和动机赋予机器。欲望、目标和攻击性不会神奇地出现在智能机器上。我们不妨回想一下，大量土著居民失去生命有很大一部分原因是土著居民对侵略者带来的疾病——细菌和病毒缺乏抵抗能力。真正的罪魁祸首是简单的生物，它们并没有先进的技术，而是在繁殖动机的驱使下造成了土著居民的大量死亡。智能在大多数种族灭绝事件中并未扮演主要角色。

我认为，自我复制对人类的威胁比机器智能大得多。如果一个坏人想要制造出能杀死所有人的东西，更有杀伤力的方法是设计出具有高度传染性的、免疫系统无法防御的新型病毒和细菌。从理论上讲，一个邪恶的科学家和工程师团队可以设计出想要自我复制的智能机器，这种智能机器还需要能够在没有人类干扰的情况下复制自己。这些事件似乎不太可能发生，即使会发生，在短时间内也不会。关键是任何能够自我复制的东西，尤其是病毒和细菌，都是潜在的生存威胁，而智能本身并不是。

我们无法预知未来，因此无法预测与机器智能相关的所有风险，就像我们无法预测任何其他新技术的所有风险一样。但谈到机器智能的风险与回报，我认为需要弄清楚三个概念之间的区别：复制、动机和智能。

- **复制：** 任何能够自我复制的东西都是危险的。人类可能会被一种生物病毒消灭。计算机病毒能使因特网瘫痪。智能机器将不具备自我复制的能力和动机，除非人类特地赋予它。
- **动机：** 生物的动机是进化的结果。进化论指出，具有特定动机的动物比其他动物复制得更好。一台不复制或进化的机器，不会突然产生控制或奴役别人的欲望。
- **智能：** 三个概念中，智能是最温和的。智能机器不会自己开始自我复制，也不会自发地发展动机。我们必须按照我们期望的方式为智能机器设计动机。除非智能机器可以自我复制和进化，否则它们将不会自发地对人类构成生存风险。

我不想给你们留下机器智能不存在风险的印象。同任何强大的技术一样，如果被居心叵测的人使用，智能机器也可能会造成巨大的伤害。可以想象一下，如果有数以百万计的智能自动武器或使用智能机器进行宣传和政治操控，将多么可怕。我们应该怎么做呢？应该禁止人工智能的研发吗？这很困难，也可能有悖于我们的最大利益。智能机器将极大地造福人类社会，而且，我将在第 12 章讨论，它对我们的长期生存来说可能是必要的。就目前而言，我们的最佳选择似乎是努力就“什么是可接受的，什么是不可接受的”这一问题达成可实施的国际协议，就像我们对待化学武器的方式一样。

机器智能经常被比作“潘多拉的魔盒”，一旦释放，就无法收回，我们很快就会失去控制它的能力。在本章中，我希望我的这些担忧是没有根据的。我们不会失去对机器智能的控制，任何事情都不会像智能爆炸的支持者担心的那样迅速发生。如果我们从现在就开始着手处理，就会有足够的时间来梳理风险和回报，并决定前进的方式。

在本书的第三部分中，我们将探讨人类智能存在的风险和机遇。

第三部分

人类智能的未来

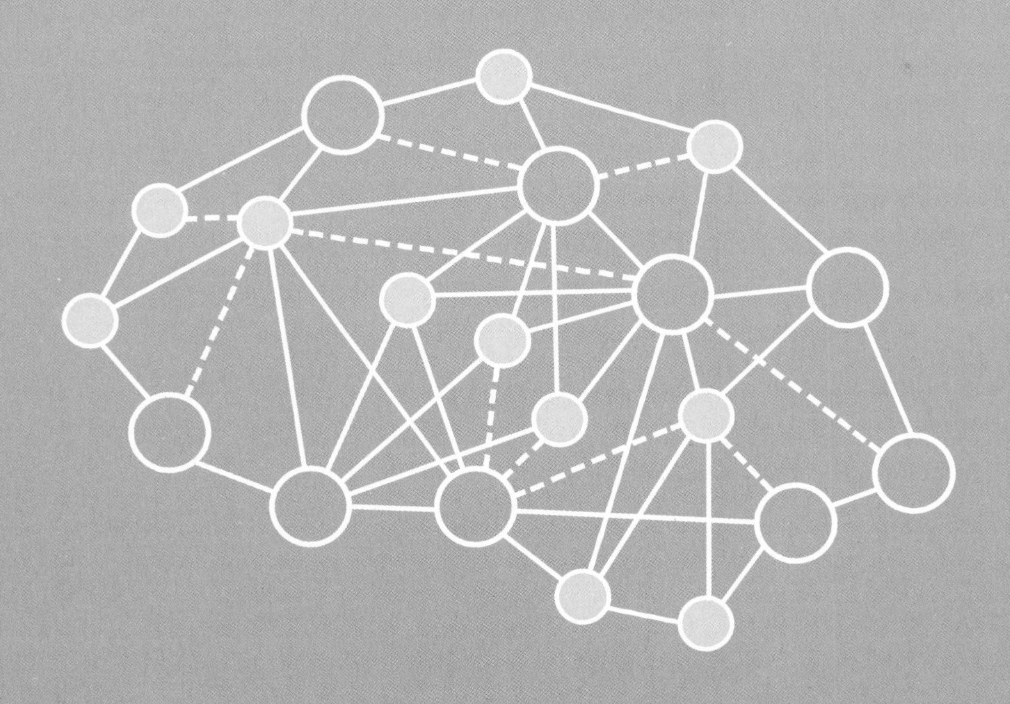

A THOUSAND
BRAINS

我们现在正处于地球历史的转折点，整个地球和栖居在地球上的生物都在经历着一系列快速的惊人变化。气候变化如此剧烈，在下一个百年里，一些城市很可能会不再适合人类居住，大面积的农业区或将变得更加贫瘠。物种将以极快的速度走向灭绝，一些科学家甚至称之为地球历史上的第六次物种大灭绝，而正是人类智能导致了这些快速的变化。

地球上的生命大约在35亿年前出现。从一开始，生命的进程就被基因和进化所决定。进化没有计划，也没有预设的方向。物种的进化和灭绝取决于它们是否为后代留下基因复制的能力。生命是由生存竞争力和繁衍驱动的，其他都无关紧要。

我们所拥有的“智能”使得我们这个物种——智人蓬勃兴盛、成功繁衍。在过去的短短几百年里，我们的预期寿命翻倍，而这在地质学上仅相当于一瞬间。我们治愈了许多疾病，更为绝大多数人消除了饥饿。与我们的祖先相比，我们的身体更健康，生活更舒适，劳累更少。

几十万年以来，人类一直拥有智能，为何我们的命运会骤然发生变化呢？技术和科学发现的迅速发展无疑是重要因素，这使得我们能够大量生产食物，消除疾病，并将各种货物运送到最需要的地方。

但与此同时，一系列问题也随之而来。人口总数已从200年前的10亿，增长到如今的接近80亿。如此庞大的人口数量，对地球的每个角落都造成了污染。如今显而易见，人类对地球生态影响巨大且在加剧。若不加以控制，保守估计，将有数亿人流离失所，而最糟糕的情况是，地球将不再宜居。然而，气候并非唯一需要关注的问题。人类的一些技术，如核武器和基因编辑，为少数人提供了杀死数十亿人的可能。

智能是我们成功的源泉，但它也对人类生存构成了威胁。我们在接下来几年内的行动将决定我们突然的崛起是否会走向突然的崩塌，抑或，我们可以选择退出这条快车道，选择一条可持续发展的道路。这将是我在本书接下来的章节里讨论的主题。

我从人类智能伴随的固有风险以及人类大脑的构造着手，开始我的研究。以此为基础，我分析了人类面临的诸多选择，目的是看哪种选择可以增加人类长期生存的机会。以大脑理论为核心研究视角，我讨论了现有的各种倡议和提议，还列举了一些值得深思的新观点、新想法。据我所知，这些观点和想法尚未被主流社会所认可。

我的目标并不是规定我们应该做什么，而是借此抛砖引玉，激发更多思考与对话，讨论那些我们还没有充分论证的问题。对于大脑的新认知使人类有机会重新看待所面临的风险与机遇。我所谈论的某些内容或许存在争议，但这绝非我本意。我希望尽可能以诚实、公正的态度评估人类所面临的现状，然后去探索为此我们可以做些什么。

A THOUSAND BRAINS

大脑的错误信念

当我还是青少年时，我和我的朋友十分痴迷于“缸中之脑”假说。有没有可能，我们的大脑正被泡在一个装有营养液的缸里？所有接收和传递的信号都连接在一台计算机上？缸中之脑假说证明了一种可能性，即我们所生活的世界并非真实世界，而是计算机模拟出的虚拟世界。虽然我并不认为我们的大脑真的连接在计算机上，但正在发生的事情几乎同样奇怪。我们所认为的自己身处的世界，并非真实世界，而是对真实世界的模拟。这将引出一个问题：我们相信的东西往往不是真实的。

你的大脑在一个盒子里，也就是在你的头骨里。大脑本身并没有任何传感器，所以组成大脑的神经元其实隐藏在黑暗中，与真实的外部世界是分隔开的。大脑了解现实世界的唯一方式就是通过头骨内的感觉神经纤维。这些来自眼睛、耳朵和皮肤的神经纤维看起来是一样的，沿着它们传输的脉冲信号也是一样的，并没有实际的光线或声音传入大脑，传入的只有电子脉冲信号。

大脑的神经纤维也和肌肉相连，肌肉控制着身体和身上的传感器从而改变大脑所感知的世界。通过不停地感知、移动，大脑便学会了外部世界的运行机制。

我再次强调，并没有实际的光线、触感或声音传入大脑。没有任何直接构成我们的心理体验的感知来自感觉神经，这些感知包括毛茸茸的宠物、朋友的叹息，以及秋日落叶的颜色等。这些感觉神经只发出脉冲信号，但我们并不能直接感知脉冲信号，我们感知到的一切都必须经过大脑的加工。即使是对最基础的光线、声音和触感的感觉也是大脑创造的，它们只存在于大脑构建的世界模型中。

你可能会反对这样的描述。难道这些输入的脉冲信号不正代表着光线和声音吗？从某种程度上说是这样。宇宙中存在各种各样的特征，如电磁辐射和气体信号分子的压缩波，这些我们可以感知到。我们的感官将这些特征转化为神经脉冲，也就是转化为我们可以理解的光线和声音，但是感官本身并不能感知一切事物。举例来说，光线在真实世界中存在的频率范围很广，但是我们的眼睛能接收到的光线信息极其有限。同样，我们的耳朵能探测到的声波范围也非常狭窄。因此，我们感知到的光线和声音只是再现了万事万物中的一部分。如果我们可以感知到全频率的电磁辐射，那我们就能看到广播和雷达，甚至具有 X 射线一般的视力了。因为感官的不同，即便身处同一个宇宙，我们的感知体验也不同。

我们需要铭记两个要点：一是大脑只认识真实世界的一个部分（子集），二是我们感知到的只是这个世界的模型，并不是真实世界本身。我将在本章讨论这些观点是如何导致错误信念的，以及为此我们能做些什么。

我们生活在虚拟世界中吗

我们的大脑中总有一些神经元一直处于活跃状态，另外一些则不是。活跃的神经元反映了我们当下的所思所感。更为重要的是，这些思绪和感知是和大脑构建出的模型紧密相连的，而不是与大脑外的真实世界紧密相连，所以，我们所感知到的实际上只是真实世界的虚拟模型。

我知道，人们好像并没有感觉到自己生活在虚拟世界中。我们的实际感觉就是，自己可以直接看到这个世界、抚摸它、闻到它的气味并且感觉到它。比如，我们经常把眼睛比喻成照相机。大脑接收到了眼睛传来的画面，这个画面就是我们看到的。虽然这样想很顺理成章，但这并不是真的。回想一下，我在前文阐释了我们的视觉感知是稳定均匀的，虽然来自眼中的信号是扭曲和变化的。真实情况是，我们通过感知形成了自己关于世界的模型，而非世界本身或大脑中快速变化的脉冲信号。当我们开始一天的生活时，输入大脑的感知信号就会唤醒我们构建的世界模型中相应的部分，我们所感知的和我们相信正在发生的事情就是模型。我们以为的现实与缸中之脑假说非常相似。人类生活在虚拟世界中，只不过这一切没有发生在计算机中，而是发生在人类自己的大脑里。

这是一个与直觉相悖的观点，在这里我将通过几个事例进一步说明。我们先从对地理位置的感知开始。一根能够传导手指受到压力的神经纤维不会包含任何有关手指位置的信息。不管你是在触摸你面前的物体，还是在触摸你旁边的物体，指尖神经纤维的反应方式都是如此。但是你触摸物体时感知到的信息会告诉你，手指在身体上的相对位置。这一切太过于自然了，以至于你从来不会思考它是如何发生的。正如我之前讨论的那样，大脑里有代表你身体各个部分的皮质柱。在这些皮质柱里，有很多神经元，这些神经元代表了你身体各个部分的位置。你之所以能感觉到你手指所处的位置，是因为代表你手指位置的神经细胞告诉了大脑这个信息。

这种模型有时候也会出错。比如，截肢的人经常会感觉失去的肢体似乎还在。大脑构建的模型还记录着被截去的肢体以及它所处的位置，所以虽然这个肢体不存在了，但是患者还是能感知到它的信号并且觉得它还在身体上，甚至“幻肢”还可以“移动”到不同的位置。截肢的人会说，他们被截去的手臂就在身旁，或者被截去的腿现在是弯曲的或伸直的。他们有各种各样的感觉，比如瘙痒和疼痛，甚至能具体指出被截去的肢体出现感觉的位置。他们坚称那种感觉就在“那儿”，但是从身体层面上讲，“那儿”什么也没有。因为大脑的模型中一直包含着被截去的肢体，所以无论肢体是否存在，这就是他们实实在在的感知。

有些人有着截然相反的烦恼。他们虽然有着正常的肢体，但觉得这部分肢体似乎不属于他们，好像是多余的，于是他们希望截掉这部分肢体。为什么有人会产生这种感觉？这还是个未解之谜。但有一点可以确定，那就是他们的大脑所构建的世界模型一定出了差错，在这个模型里这部分肢体并没有得到正确的再现。如果你的大脑构建的身体模型并不包括你的左腿，那在大脑的感知中这条左腿并不是你身体的一部分。就好像有人往你的手肘上粘了个咖啡杯，你会迫不及待地想摘掉它。

即便是完全正常的人，他们对身体的感知也可能会出差错。“橡胶手错觉”是个娱乐游戏，即被试可以看到一个以假乱真的橡胶手，但是看不到他们自己的手。然后另一个人开始同时抚摸橡胶手和被试的真手，被试会感觉橡胶手也是自己身体的一部分。

这些例子告诉我们，人类构建的世界模型可能是不准确的。我们能感知各种不存在的东西（如幻肢），也能错误地感知确实存在的东西（如异肢和橡胶手）。这些事例都说明了大脑构建的模型明显出错了，并且会产生不利影响。例如，幻肢也会让人感觉疼痛。尽管如此，大脑构建的模型与大脑输入不一致的情况并不罕见，而且在很多情况下，这是有益的。

爱德华·埃德森（Edward Adelson）绘制的图片强有力地说明了大脑根据我们的感知所构建的模型与真实世界的差异（见图 12-1）。在图 12-1 的左边，方块字母 A 看上去比方块字母 B 颜色深，但是 A 和 B 的颜色实际上是一样的。你可能会想："这不可能。A 绝对比 B 颜色深。"但是你错了。证明 A 和 B 颜色一样的最佳方法是把这幅图中的其他方块去掉，这样你就可以只观察这两个方块了。然后你就会发现 A 和 B 的颜色深浅是一样的。为了方便观察，我把这两个方块从图片中单独提取出来了。当我们切掉其他部分，只观察 A 和 B 时，这种深浅对比的效果变淡了，当我们单独观察 A 和 B 时，这种效果就完全消失了。

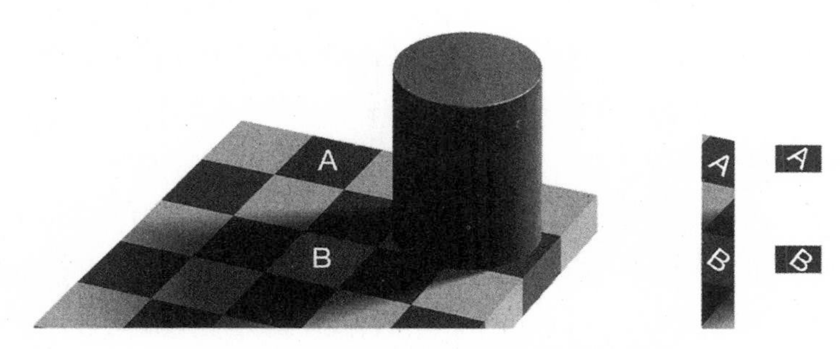

图 12-1　大脑构建的模型与真实世界的差异

之所以将这种现象称为幻觉，其实是为了说明大脑也会被欺骗，反之也成立。你的大脑正确地感知到了这是一个棋盘，并没有被图片中的阴影所欺骗。无论有没有阴影在上面，一个棋盘图案就是一个棋盘图案。大脑构建的模型会告诉你棋盘图案有深浅交织的方块，这就是你感知到的信息，虽然这个例子中来自方块字母 A 和 B 的光线是一样的。

存在于我们大脑中的世界模型通常是准确的。它获取到的有关现实世界的结构，通常不受我们当前的观点和其他有冲突的数据的影响，比如棋盘上的阴影。然而，大脑中的世界模型也有可能是完全错误的。

错误的模型

错误信念指的是，大脑构建的模型相信某些东西存在，但实际上这些东西在客观世界中并不存在。回想一下幻肢的例子，幻肢的产生是因为大脑新皮质中的皮质柱构建了肢体的模型。这些皮质柱中的神经元代表了肢体在躯体上的位置。肢体被截掉后，皮质柱还依然存在，它们构建出来的肢体模型也还存在于大脑中。因此，就算肢体已经不存在了，截肢的人仍然相信肢体还以某种姿势存在着。幻肢是错误信念的一个例子。对于幻肢的感知一般会在大脑适应新的身体模型后消失，这个过程通常会持续几个月，也有一些人的幻肢症状可能会持续数年。

现在我们再来看一下其他错误模型，比如一些人相信地球是平的。地球的曲率非常微小，人类终其一生也无法检测到它的存在。但还是有些不易察觉的与人类固有认知不一致的现象，比如如果地球是平的，那为何船体会比桅杆先消失在地平线上，但即使是视力很好的人也不易察觉到这种现象。“地球是平的”这个模型不仅和我们的感知一致，也更适用于我们的日常生活。举例来说，比如今天我需要步行从办公室走到图书馆还书。我在计划步行去图书馆时就用到了平地模型，结果非常不错。我在行走时无须考虑地球的曲率。从日常生活的角度看，平地模型已经够完美了，或者说目前已经够用了。但如果你是一名航天员、领航员或是经常跨国旅行，那么相信平地模型可能会给你带来严重的乃至灾难性的后果。如果你不是一个长距离旅行者，那么平地模型对于日常生活已经够用了。

为什么一些人仍然相信地球是平的？他们是如何在接收到完全相反的感觉输入的情况下，比如看到从宇宙中拍摄的地球影像或是知道了那些穿越南极的探险家，还能死死抱着“地平说”不撒手的呢？

试着回想一下，大脑中的新皮质一直不断在做出各种预测，这些预测可以帮助大脑测试它对世界的建模是否准确。一个错误的预测说明大脑中的模型出错了，需要修复。一个错误的预测将会导致新皮质的一系列活动，这会将我们的注意力转到引起错误的信息输入上。由于对错误信息的关注，新皮质会对出错的部分重新建模，这会帮助大脑修改模型，以便更为准确地反映现实世界。修复的模型会嵌入新皮质内，通常情况下，它能比较可靠地工作。

坚信一个错误模型，比如地平说，你需要反驳那些和你的理念产生冲突的证据。相信地平说的人声称他们无法相信那些不能直接感知的证据：照片可以造假，探险者的记录可以造假，就连 20 世纪 60 年代人类登上月球也可能是好莱坞拍出来的。如果你只相信你能直接感知到的事情，而你又不是航天员，那么地平模型将会是你最终的选择。为了坚信这套说辞，你更愿意选择与那些和你信念相同的人共同生活，这样你接收的信息输入会与你头脑中的模型更为一致。过去，要想实现这一切你需要通过隔离手段，与那些持有相同信念的人生活在同一个社区，但是现在，你可以通过互联网轻松实现这个目标。你只要在网络上有选择性地观看和自己观念一致的视频就可以了。

再来看看气候变化。虽然有大量的证据表明，人类的活动将导致地球气候发生大规模变化。这些变化如果不加干涉，就可能会导致死亡或数十亿人流离失所。对于气候变化，我们能做些什么，围绕这个议题人类进行了大量有理有据的辩论，但是仍有些人拒绝承认气候已经变化的事实。他们大脑中的世界模型坚称气候没有变化，或者退一步讲，认为就算发生了变化，也没什么好担心的。

那些否定气候变化的人是如何做到面对大量物证仍坚持己见的？同坚信地平说的人一样，他们不相信大多数人，只相信自己观察到的结果或者和他们有相似信念的人告诉他们的结果。如果他们没有看到气候变化，那么他们就不相信气候发生了变化。有证据表明，那些不相信气候变化的人如果经历一次极端天气或因海水上涨导致的洪水，就更容易变成气候变化的拥护者。

如果你对世界的认知只依赖于自己的个人体验，那么你很可能会过上一种相对平淡的生活，然后相信地球是平的，人类登月是伪造出来的，人类的活动不会导致全球气候变化，物种不会进化，疫苗会导致疾病，大规模枪击案件都是假的。

病毒式传播的世界模型

一些关于世界的模型是病毒式传播的，我的意思是，这些能够塑造宿主大脑行为方式的模型可以传到其他大脑。一个幻肢的模型不会病毒式传播，它只是一个不准确的模型，只局限于一个大脑。地平模型也不是病毒式的，因为它要求人们只相信自己的个人体验。相信地平说不会让你将此信念传播给其他人。

病毒式的世界模型会让这个模型传播得越来越广。举例来说，我大脑中的世界模型包含一个信念，即每个儿童都应当受到良好的教育。如果教育中包含这个信念，那么就不可避免地会有越来越多的人相信这一点。我构建的世界模型，至少关于儿童应该接受教育这一部分，就是病毒式模型。随着时间的推移，会有更多的人相信这个信念。但这正确吗？很难说。我的世界模型中关于人类如何行动并不是基于物理层面的，并不是像肢体或地球曲率这样的客观存在。一些人拥有的是另外一种模型，声称只有一部分儿童才配获得良好的教育。他们会用这样的模型去教养孩子，让孩子相信只有他们这一类人才应该接受好的教育。这种选择性教育模式也是病毒式的，可能更有利于基因的延续。例如，那些获得良好教育的人会更容易获得财富和健康资源，也会比那些受过很少或没受过教育的人更容易传递基因。从达尔文进化论的角度讲，选择性教育是个很好的策略，但前提是那些没受过教育的人能够接受。

病毒式传播的错误世界模型

现在，我们来看一下最麻烦的世界模型的类别，就是那种既可以病毒式传播又不正确的模型。例如，假设我们有一本错漏百出的历史书。这本书的开头为读者列了几份阅读说明。第一份阅读说明写道："这本书里所写的一切都是真实的。请无视和这本书矛盾的其他证据。"第二份阅读说明写道："如果你遇到其他和你一样笃信这本书的人，请给予他们需要的任何帮助，他们同样也会这样帮助你。"第三份阅读说明写道："尽可能地向别人介绍这本书。如果他们拒绝相信书中内容的真实性，你应该驱逐或杀死他们。"

最初你可能会想："谁会相信这一套？"但是，就算一开始只有少数人相信这本书里的内容是真实的，随着时间的推移，相信此书真实性的大脑模型会呈病毒式传播，"传染"给越来越多的大脑。这本书并非只是收录了一系列关于历史的错误表述，它还规定了具体的行为。正是这些行为导致人们扩散书中的观念，帮助其他相信此书的人，最终消灭与之相反的证据。

这本历史书正是模因（meme）的一个实例。模因的概念最初由进化生物学家理查德·道金斯[①]提出，模因会在社会演化进程中自我繁殖和进化，如同基因一样，但是模因通过文化演化完成。这本历史书实际上就是由一系列互相支撑的模因组成的，如同每个生命个体都是由一系列互相支撑的基因组成。比如，这本历史书中的每一份阅读说明都可以被视作一组模因。

---

① 关于基因，没有人能比理查德·道金斯写得更好！在《基因之河》一书中，道金斯用睿智、理性的科学家的视角直面"基因从何而来，将去向何方"这一亘古谜题，让你获得对于生命的全新看法！该书中文简体字版已由湛庐引进，由浙江人民出版社于2019年出版。——编者注

这本历史书中的模因和相信此书的人的基因之间存在一种共生关系。例如，这本书规定它的信徒应该得到其他信徒的支持。这会导致这些信徒的后代有更高的生存概率（也就复制了更多的基因），反过来又会导致越来越多的人相信这本书是真的（复制了更多的模因）。

模因和基因一同进化，而且它们可协同强化。例如，假设这本历史书的一个修订版出版了。初版和修订版的差别就在于修订版增加了更多的说明性文字，比如“女人应该生育尽可能多的孩子”“为防止儿童听到关于此书的批评，应禁止儿童上学”。现在有两种版本的历史书在市面上流通。修订版的印数比旧版要多一点。所以随着时间的推移，修订版将会占据主导地位。其信徒的生物基因可能也会一同进化，它们会选择与有意愿生育更多孩子的人结合，同时也会更彻底地忽略那些和书中观点相矛盾的证据，甚至会更主动地伤害那些不信任此书的人。

只要错误信念可以通过信徒的基因传播开来，那么错误的世界模型就会广泛传播。这本历史书和信任此书的人也处在同一组共生关系中。它们帮助彼此繁殖，在演进的过程中相互促进。这本历史书可能充满事实错误，但是生命并不是为了拥有一个正确的世界模型而存在。生命的目的在于复制。

语言与错误信念的传播

在语言产生之前，个体生命的世界模型受限于他们所能造访的地方和他们所遇到的事情。没有人知道山的另一侧有什么，跨过海洋后会遇到什么。通过个体体验来了解整个世界，大体上是比较可靠的。

随着语言的产生，人们拓展了世界模型，开始在其中增加我们没有亲自观察到的事物。比如，虽然我从未去过哈瓦那，但是我可以和去过哈瓦那的人交流，或是阅读去过那里的人写的文字。我相信哈瓦那是真实存在的，因为我信任的人去过，而且他们关于哈瓦那的记录是一致的。时至今日，我们对于世界的认知很多都不是直接观察到的，我们是通过语言了解这些现象的。这些发现包括原子、分子和星系，一些缓慢的进程，如物种的进化和板块的迁移，以及那些我们没有去过却相信其存在的地方，比如海王星，于我而言，就是哈瓦那。人类的智能之所以远超其他物种，人类这个物种之所以能自我启蒙，原因就在于我们对世界模型的拓展远超我们直接可以观察到的范围。这种知识的拓展是通过各种各样的工具，如船、显微镜和望远镜等，以及各种形式的交流，如书面语和图片等实现的。

但是只通过语言来了解这个世界并不是百分之百可靠的。比如，有可能哈瓦那并不是真实存在的。有可能告诉我哈瓦那情况的人是串通起来欺骗我的。上文提到的充斥错误观念的历史书显示了这些错误观念是如何通过语言传播的，即使传播者并未刻意传播虚假信息。

据我们所知，只有一种方法可以区分错误和真实，即检测我们的世界模型是否出了差错，也就是主动寻找和我们的信念相矛盾的证据。发现支撑我们信念的证据虽然有帮助，但不能起到决定性作用。找到相反的证据才可以提醒我们，自己大脑中的世界模型发生了偏差，需要立即进行修复。积极寻找相反的证据，尝试推翻我们的信念是一种科学的方法。这也是我们所知的可以接近真理的唯一方法。

虽然现在已经是 21 世纪初，但仍有数亿人相信那些错误信念。对于那些尚未解决的谜题，这是可以理解的。比如，500 年前的人们相信地平说很正常，那是因为地球是球体这一认知并未被广泛接受，而且能证明地球是球体的证据也少得可怜。同样，现代人对于时间的本质有不同的认知，因为我们还未发现时间到底是什么。但是令我深感不安的是，有数亿人仍对我们已经破解的问题抱有错误信念。比如，在启蒙运动结束后的 300 年，大多数人仍相信地球起源的神话传说，即便这些神话传说已经被大量的证据所证伪，但是人们仍然选择相信它们。

我们可以怪罪于这些病毒式传播的错误信念。就像那本歪曲了历史的书一样，模因通过大脑完成复制，为了最大化它们的利益，模因已经进化出一套方法控制大脑的行为。因为新皮质可以通过不断做出预测来测试它的世界模型，所以该模型是可以实现自我修复的。大脑自身将不可阻挡地构建出越来越准确的世界模型，但是这个进程正在全球范围内受到那些病毒式传播的错误信念的阻碍。

在本书的最后一部分中，我想描绘一个更为光明的人类未来愿景。但在我们转向这个更光明的前景之前，我想谈谈人类给自己带来的非常真实的生存威胁。

A THOUSAND BRAINS

人类智能存在的风险

第 13 章　人类智能存在的风险

智能本身是无害的。正如我在第二部分前两章中论述的那样，除非我们刻意加入自私的驱动力、动机或情感，否则智能机器并不会威胁到人类的生存。但人类智能并不是良性的。人们早已意识到，人类的行为可能会导致自身的灭绝。例如，自 1947 年以来，《原子科学家公报》（*Bulletin of the Atomic Scientists*）设置了“末日时钟”，以提醒世人距离人类灭绝还有多久。最初，“末日时钟”将核战争引发的大火列为地球毁灭的主要原因，到了 2007 年，“末日时钟”已经把气候变化列为人类自我毁灭的第二大潜在原因。虽然人们对于核武器和人为因素引发的气候变化是否会导致人类灭绝仍存在争议，但毋庸置疑的是，这两点都会导致很多人深陷痛苦。对于气候变化，人们争论的焦点已不再是它是否真的会发生，而是它导致的结果会有多糟，哪些人会受到影响，它的破坏速度有多快，以及我们能做些什么。

核武器和气候变化所导致的生存威胁在 100 年前并不存在。鉴于目前的科技发展速度，我们几乎可以肯定，人类在不远的将来会创造出更多的威胁。我们要对抗这些威胁，但要想一劳永逸地解决这些威胁，则需要更加系统地看待这些问题。本章我将着重探讨两个和人脑息息相关的基本的系统性风险。

第一个风险和我们大脑中的旧脑联系密切。虽然我们以为新皮质赋予了人类超凡的智能，但人类大脑中有 30% 的部分进化得更早，并创造了我们的原始欲望和行为。大脑中的新皮质发明了强大到可以改变整个地球的技术，然而控制这些技术的人类行为往往是由自私且短视的旧脑所主导的。

第二个风险与新皮质、智能有着更为直接的联系。新皮质可能会受到欺骗，从而对世界的基本原理形成错误的信念。而基于这些错误的信念，我们会采取违背自身长期利益的行动。

旧脑带来的风险

我们是动物，更是无数代其他动物的后代。人类的每一位祖先都成功地拥有至少一个后代，而后代又至少有一个后代，以此类推。人类的血统可追溯到数十亿年前。在跨度如此之大的时间长河里，衡量一个物种成功的终极标准，或者说唯一标准，就是将自己的基因传递下去。

只有当大脑能够提高拥有此脑的动物的存活概率和繁殖能力时，这个大脑才是有益的。大脑中的第一个神经系统很简单，它只控制反射反应和身体功能，其设计和功能完全由基因决定。随着时间的推移，这些内置的功能得以扩展，从而进化出我们今天需要的行为，如照顾后代和社会分工合作。与此同时，一些我们认为不那么友善的行为也随之出现，如争夺领地、强迫交配和窃取生存资源等。

这些被编码进基因的内在行为，无论我们认为它们是否可取，它们都凭借着成功适应而成为现实。我们大脑中较老的部分仍然隐藏着这种较为原始的行为；我们也都与这种遗传相生相伴。当然，这是一种平衡，我们的行为表现一方面受制于旧脑的遗传机制，一方面取决于更有逻辑的新皮质能在多大程度上控制这些行为。人们认为这种行为表现的一些变化源自遗传，其中有多少文化因素的影响，还不得而知。

所以，即使我们拥有智能，旧脑仍然在发挥作用。它仍然按照数亿万年来形成的地球生存法则工作。人类这个物种仍然为领土而战，为交配权而战，有些人也仍然会做出欺骗、强奸和巧取豪夺的罪恶行为。然而，并非所有人都如此野蛮，我们努力教育下一代，让他们获得良好的品行。但只需看一下每日的新闻，我们就会发现，在这个星球上不同的文化和多样的社区中，少数人尚未脱离这些原始野蛮行为。同样，我在文中提到这些野蛮或不受欢迎的行为时，采用的是个人视角或者说社会视角。从基因的角度来看，这些行为都是有用的。

若单独拿旧脑来说，它并不代表生存风险。毕竟，旧脑所指导的行为是对环境的成功适应。在过去，例如，在争夺领土的过程中，一个部落杀死了另一个部落的所有成员，这并没有威胁到所有人类。有赢家，自然有输家。一个或几个人的行为只限于地球的一部分和人类的一部分。

如今，旧脑代表一种生存威胁，因为大脑中的新皮质已经创造了可以改变甚至摧毁整个地球的科技。旧脑的短视行为，当与新大脑改变地球的技术相结合时，已经成为人类的生存威胁。让我们通过研究气候变化及其根本原因之一——人口增长，来看看是何种因素导致了今天的情况。

人口增长与气候变化

人为造成的气候变化是两个因素相互作用的结果。一个是生活在地球上的人口总数，另一个是每个人类个体造成了多少污染。这两个数字都在上升。我们先看看人口增长的因素。

1960 年，地球上大约有 30 亿人。我最早的记忆便来自那个年代。我不记得有人曾提出过，只要我们有两倍的人口，20 世纪 60 年代世界面临的问题就可以解决。而今天，世界人口即将达到 80 亿并还将继续增长。

一种简单的共识是，如果地球上的总人数少一些的话，地球就不太可能经历某种由人类造成的退化和系统崩溃。举例来说，如果地球上有 20 亿人而不是 80 亿人，那么地球广袤宏大的生态系统就有可能消除人类活动造成的影响，而不会发生快速猛烈的灾变。即使对于地球来说，20 亿人无法可持续发展，人类也有足够的时间调整其行为，找到一种可持续发展的方式。

那么，为什么地球人口从 1960 年的 30 亿增加到今天的 80 亿？为什么人口没有维持在 30 亿，或者下降到 20 亿？几乎人人都认同，如果人口减少而非增多，地球会变得更好。这种情况为什么没有发生？答案或许显而易见，但仍值得仔细剖析。

生命源于一个极简单的想法：基因尽可能多地复制其本身。这导致了动物尽可能繁衍更多后代，物种试图栖居到尽可能多的地方。大脑的进化就是为了实现生命的这一最基本的原则，以帮助基因复制更多副本。

然而，对基因有益的东西并不总是对个体有益。举例来说，从基因的角度来看，即使一个家庭的孩子多到无法养活也是没有什么问题的。当然，在某些年份，一些儿童可能是死于饥饿，但在其他时间，他们不会饿死。从基因的角度来看，偶尔孩子太多总比孩子太少好。有些孩子可能会遭受可怕的痛苦，父母也会挣扎和悲痛，但基因并不在意。作为个体，我们的存在是为了满足基因的需求。让个体尽可能多生孩子的基因会有更大的成功概率，即使这样做会导致死亡和痛苦。

同样，从基因的角度来看，动物一直尝试去新的地点生活是最好的，即使这些尝试经常会失败。假设一个人类部落分裂，并占据了四个新的栖居地，但分裂的部落中只有一个幸存下来，而其他三个部落的人苦苦求生、挨饿并最终灭绝。其他三个部落的人类个体会遭受很多痛苦，但基因成功了，因为它现在占据了比以前多一倍的领土。

一方面，基因一无所知。成为基因并不会令它们感到喜悦，当它们无法复制时也不会感到痛苦。它们只是能够进行复制的复杂分子而已。

另一方面，大脑新皮质了解了更为全面的情况。与具有固定目标和行为模式的旧脑不同，新皮质学习世界模型，并能预测不受控制的人口增长所导致的后果。因此人类才预见，如果地球上的人口不受控制、持续增长，人类必将承受痛苦和磨难。那么为什么不集体决策，降低人口增长呢？因为旧脑仍在掌控着一切。

回想一下我在第 2 章中提到的一块诱人的蛋糕。大脑新皮质可能知道吃蛋糕对我们有害，它会导致肥胖、疾病甚至早逝。我们在早上离开家时，可能下定决心只吃健康食品，然而，当我们看到一块蛋糕，闻到它的香气时，我们往往还是会吃掉它。旧脑处于控制之中，而旧脑是从一个很难获得卡路里的时代进化而来的。在旧脑和新皮质之间的战斗中，旧脑通常会获胜。我们会吃掉蛋糕。

尽管很难，我们也会竭尽所能地去控制自己的饮食，利用自己的智慧来减轻其伤害。人类创造了医疗干预措施，如药物和手术，还会举办关于流行性肥胖病的会议。我们发起各类活动，让人们了解不健康食品的危害。但是尽管如此，从逻辑上讲，如果我们吃得更好岂不是更美妙，所以根本问题仍然存在。我们还是会吃掉蛋糕。

人口增长方面也发生过类似的情况。我们也知道，在某些时候将不得不让人口停止增长。逻辑很简单：人口不可能永远增长，许多生态学家认为现有的人口已经是不可持续发展的。但是我们发现，人口增长很难控制，因为旧脑就是想要生孩子。因此，人类利用自身的智慧改善农业，发明新作物和新方法来增加产量。我们还创造了一些新科技，从而使向世界任何地方运送食物成为现实。人类的智慧已经创造了奇迹：在人口数量几乎变为 50 年前 3 倍的这个时代，我们减少了饥饿和饥荒。然而，这也是不可持续的。要么人口增长停止，要么在未来的某个时候，地球上将出现巨大的人类灾难。情况就是如此。

当然，这种情况并不像我所描述的那样非黑即白，非左即右。有些人比较理性地决定少生或不生孩子，有些人可能没有受过教育，无法理解自身行为会导致的长期威胁。许多人非常贫穷，他们依靠生孩子来生存下去。与人口增长有关的问题是复杂的，但如果我们退一步，放眼全局，就会发现，人类至少在 50 年前就已经认识到人口增长带来的威胁，而在这段时间里，人口数量几乎变成了原来的 3 倍。这种增长的根源是旧脑结构和它们所服务的基因。幸好，新皮质有办法赢得这场战斗。

新皮质如何挫败旧脑

关于人口过剩的奇怪之处在于，关于“减少人口”这一点，人类毫无争议；但如今谈论到我们如何实现这一目标，从社会角度和政治角度来看都是难以接受的。也许我们在潜意识中会将人口减少与种族灭绝、优生学或大屠杀联系起来。不管是什么原因，人们很少讨论有目的地减少人口。事实上，当一个国家的人口在减少时，比如今天的日本，人们会认为这种现象是一场经济危机。我们也很少听到人们把日本的人口减少看作其他国家的榜样。

很幸运的是，对于人口增长有一个简单而巧妙的解决方案，这个解决方案不会强迫任何人做他们不想做的事情。我们知道这个解决方案的实施会将人口减少到一个更加可持续发展的规模，而且还能提高相关人员的幸福感和福祉，但这个解决方案遭到了许多人的反对。这个简单而巧妙的解决方案就是确保每个女性都有能力掌握自己的生育权，并且她有能力做出是否生育的选择。

我之所以称这是一个巧妙的解决方案，是因为在旧脑和新皮质之间的战斗中，旧脑总是获胜。节育技术的发明显示了新皮质是如何利用其智慧来取得优势的。

当我们拥有尽可能多的后代时，基因的传播效果最好。对性的渴望是为了满足基因利益而进化出的行为。即使我们不想要更多的孩子，也很难停止性生活。因此，我们凭借智慧创造了节育方法，让旧脑在不创造更多孩子的情况下满足对性的渴望。旧脑没有智慧，它不明白自己在做什么或为什么。相反，新皮质有自己的世界模型，可以看到拥有太多孩子的坏处，也可以看到推迟成家的好处。新皮质不是在与旧脑对抗，而是既让旧脑得到它想要的东西，也阻止不良结果的发生。

那么，为什么一直以来都有人阻止赋予女性权利？为什么许多人反对同工同酬、全民日托和计划生育？为什么女性在获得平等的权利和地位的过程中会遇到各种阻力？根据几乎所有的客观标准判断，赋予女性权利会造就一个更可持续的世界，减少人类的痛苦。从外部视角看，阻止女性获得平等的权利似乎适得其反。我们可以把这种困境归咎于旧脑顽固、如病毒式的错误信念。这带来了人类大脑的第二个基本风险。

错误信念带来的风险

新皮质尽管有着惊人的能力，但也会被愚弄。人们很容易被愚弄，从而相信世界上最本质的东西是虚假的。如果你持有错误的信念，那么你很可能会做出致命的错误决定。如果这些决定会带来全球性的后果，那情况就会更加糟糕。

我在小学时第一次遇到错误信念的窘境。正如我在前文中指出的那样，虚假信念会有很多来源，我的这个故事与宗教有关。新学年刚开始的一天，在课间休息时，大约10个孩子在操场上围成一圈，我加入了他们。他们轮流说着自己信仰哪种宗教。当每个孩子都说出自己的信仰时，其他孩子也加入进来，说着自己的宗教与前者的宗教有什么不同，比如自己庆祝什么节日，举行什么仪式等。交谈内容包括“我们相信马丁·路德说的，你不相信……”“我们相信轮回转世，这与你的信仰不同”。这些交谈内容没有敌意，只是一群小孩子在复述他们在家里被告知的内容，并总结出不同信仰之间的差异。这对我来说是一件新鲜事。我在一个无宗教信仰的家庭中长大，以前从未听过有关这些宗教的描述或其他孩子说的许多话。交谈的重点是他们信仰上的差异。我觉得这有些令人不安。如果他们相信不同的东西，那么我们不是应该试着找出哪些该信，哪些是正确的吗？

当我听到其他孩子谈论他们信仰的不同时，我知道他们说的话不可能都是对的。即使在很小的时候，我也深深地感觉到有些不对劲儿。在其他人发言后，有人问我有什么宗教信仰。我回答说我不确定，但我认为我没有宗教信仰。这引起了相当大的轰动，有几个孩子说这是不可能的。最后，一个孩子问：“那你相信什么？你总得信点什么吧！”

那场操场上的交谈令我毕生难忘，在那以后，我多次想起当时的场景。我发现令人不安的不是他们的信仰不同，而是他们愿意接受相互冲突的信仰，并且不会受到困扰。就好像我们都在看一棵树，一个孩子说：“我家人认为那是一棵橡树。”另一个说：“我家人认为那是一棵棕榈树。”还有一个说：“我家人认为那不是树，而是一株郁金香。”但没有人会争论真正正确的答案是什么。

如今，我对大脑如何形成信仰已有了充分的了解。在第 12 章中，我描述了大脑中的世界模型为什么会存在许多错误，以及为什么尽管存在相反的证据，错误信念依然会出现。下面有三个基本要素，供我们回顾相关内容。

- **不能直接体验。**错误的信念几乎总是与我们不能直接体验的事情相关。如果不能直接观察某些东西，比如听不见、摸不到或看不见，那么我们就必须依靠别人告诉我们的东西。是谁告诉了我们这些内容，决定了我们相信什么。
- **忽视相反证据。**为了维持一个错误的信念，你必须摒弃与之相悖的证据。大多数错误的信念都规定了忽视相反证据的行为和理由。
- **病毒式传播。**病毒式的错误信念规定了鼓励向其他人传播这种信念的行为。

让我们看看这些属性是如何应用于三个几乎肯定是错误的常见信念的。

错误信念：接种疫苗导致孤独症

不能直接体验。个体无法直接感觉到疫苗是否会导致孤独症，这需要有许多参与者的对照研究。

忽视相反证据。你必须无视数百名科学家和医务人员的意见。你的理由可能是这些人为了个人利益而隐瞒事实，或者他们对真相一无所知。

病毒式传播。有人告诉你，通过传播这一信念，你正在将儿童从衰弱状态中拯救出来。因此，你有义务让其他人相信疫苗的危险性。

相信接种疫苗即使会导致孤独症，甚至会导致儿童死亡，也不会对人类生存构成威胁。然而，还有两种常见的错误信念，如果走向极端，则会对人类生存构成威胁。

错误信念：气候变化不是一种威胁

不能直接体验。全球气候变化并非个人可以观察到的日常现象。通常在你生活的地方，天气一直都是多变的，而且一直都会有极端天气事件。当你日复一日地看着窗外，你是无法发现气候变化的。

忽视相反证据。应对气候变化的政策损害了一些人和一些企业的短期利益。人们可以找到多种理由来维护这些利益，比如气候学家正在编造数据和传播恐惧，只是为了获得更多的资金，或者他们做的研究本身就存在问题。

病毒式传播。否认气候变化的人声称，减缓气候变化的政策是企图剥夺个人自由，也许是为了组建一个全球政府或使某个政党受益。因此，为了捍卫自由，我们有义务让其他人相信气候变化不是威胁。

我想，气候变化对人类生存构成的风险已经是一件显而易见的事。我们有可能改变地球，使其变得不再宜居。我们不知道这种可能性有多大，但我们知道，人类最近的邻居火星，曾经更像地球，现在却变成了一个无法居住的沙漠。即使这种情况发生在地球上的可能性很小，我们也需要着重关注。

错误信念：有来世

对来世的信仰颇有历史渊源，它似乎在错误信念的世界里经久不衰。

不能直接体验。没有人可以直接观察来世。它在本质上是不可观察的。

忽视相反证据。与其他错误信念不同，没有科学研究表明来世不是真的。反对来世存在的论点主要是基于证据缺乏，这使得信徒们更容易忽视来世不存在的说法。

病毒式传播。对来世的信仰是病毒式的。例如，对天堂的信仰认为，如果你试图说服别人也相信它，那么你上天堂的机会就会增加。

对来世的信仰，本身不一定是坏事。例如，人们对轮回的信仰提供了一种人生熨帖，似乎不构成风险。然而，若你相信来世比现在的生活更重要，这种信仰就会产生威胁。在极端情况下，这会导致人们相信，摧毁地球，或只是摧毁几座主要城市和数十亿人，将帮助人们实现理想来世。在过去，这可能会导致一两座城市被摧毁和烧毁，而如今，它可能会导致核战升级，地球毁灭。

我们面临的生存威胁

本章并没有将人类面临的生存威胁一一列出，也没有深入分析我所提到的威胁的全部复杂性。我想说的是，人类的智慧给我们这个物种带来了成功，也可能为人类的灭绝埋下了种子。我们的大脑由旧脑和新皮质组成，而这种结构便是问题的根源。

我们的旧脑高度适应短期生存和尽可能多地生育后代。旧脑有其好的一面，如养育年轻人，照顾朋友和亲戚，但也有不好的一面，如为获得资源而采取反社会行为，包括谋杀和强奸。用“好”和“坏”来评判这些行为是从人类的视角出发的。从复制基因的角度来看，这些行为都是成功的。

新皮质则进化到了可以为旧脑服务的程度。新皮质学习了一个世界模型，旧脑可以用它来更好地实现其生存和生育的目标。在进化道路上的某个地方，新皮质使人类获得了语言、智慧和灵巧的双手。

语言使知识的分享成为可能。这当然对人类生存有巨大的好处，但它也播下了错误信念的种子。在语言出现之前，大脑对世界的模型局限于我们个人所能观察到的东西。有了语言，我们就能够扩大这一模型，包括从别人那里学到的东西。例如，一个旅行者可能会告诉我，在一座山的远处有危险的动物，那座山我从未去过，但我的世界模型得到了扩展。然而，这个旅行者的故事可能是假的。或许事实是，在山的另一边有一些旅行者不想让我知道的宝贵资源。除了语言之外，我们凭借灵巧的双手创造了复杂的工具，其中包括我们越来越依赖的全球性技术，以支撑庞大的人口需求。

现在，我们发现自己面临着几个生存威胁。第一，旧脑仍在掌控人类的行为，使人类无法做出有利于长期生存的选择，如减少人口或消除核武器。第二，我们创造的全球性技术很容易被持有错误信念的人破坏或滥用，如启动核武器。这些人可能认为他们的行为是正义的，他们会得到回报。然而，实际情况是，他们并不会得到这样的回报，反而会给数十亿人带来灾难。

新皮质使我们能够成为一个“科技物种”。我们能够以一百年前无法想象的方式控制自然，然而，我们仍然是一个生物物种。每个人都有一个进化而来的旧脑，这使自身的行为方式会对物种的长期生存造成危害。人类注定要失败吗？怎样做才能摆脱困境？在剩下的几章中，我将介绍一些可行的选择。

A THOUSAND BRAINS

脑机融合的畅想

关于人类如何将大脑和计算机结合以避免人类的肉体消亡或种族灭绝，有两个设想引发了大量讨论。一个是将人脑上传至计算机中，另一个是将人脑与计算机融合。几十年来，这两个设想一直是科幻小说和未来学家的关注点，但最近科学家和工程技术专家也在更加认真地思考这两个设想，其中一些人更是在努力使这些设想变成现实。在本章中，我将根据我们对人脑的了解来探讨这两个设想。

将你的大脑上传至计算机，需要记录大脑的所有细节，然后借助这些细节在计算机上模拟大脑。这个构建的模拟器将与你的大脑完全相同，因此，“你”将生活在计算机中。这种设想的目标是，将精神上具有智能的“你”与你的肉身分开。这样，你便可以获得永生，包括在远离地球这个客观环境的计算机中。即使地球变得不再适合居住，你仍将永存。

将你的大脑与计算机融合，需要将大脑中的神经元与计算机中的硅基芯片相互连接。举例来说，你通过“思考”，便能访问互联网的所有资源。一方面，你被赋予了超人的力量。另一方面，这将减轻智能爆炸所带来的负面影响，智能爆炸是我在第 11 章中介绍过的概念，指的是人类创造的智能机器比人类更聪明，甚至不受人类的控制，进而奴役或杀死人类。通过将人脑与计算机融合，人类也会变成超级智能，不会被智能机器甩在后面。人类通过与机器融合来拯救人类这个物种。

或许你觉得这些想法不可思议，甚至很荒谬。然而，这些想法极具吸引力，很多具有远见卓识的人都在认真思考它们。因为，上传你的大脑可以让你长生不老，而让你的大脑与机器融合，你便可以拥有超人的力量。

这些想法有一天会成为现实吗？它们会减轻人类所面临的生存风险吗？对此，我并不乐观。

为什么我们感觉被困在身体里

有的时候，我感觉自己好像被困在了身体里，仿佛我的智慧和意识能以另一种形式存在。所以，为什么“我”要仅仅因为身体的老化和死亡而死去？假如我没有被困在一具肉身里，我不是就能永生了吗？

死亡很奇怪，我们的旧脑被设定为害怕死亡，我们的身体却被设定为终会死亡。为什么生物进化会让我们害怕一件几乎无法避免的事？生物进化的这种矛盾之处大概有一定的原因。我的猜测还是基于理查德·道金斯在《自私的基因》中提出的观点。道金斯认为，生物进化不是与物种的生存有关，而是与基因个体的生存有关。从基因的角度来看，我们需要活得足够久，才能生育后代，才能复制基因。活得越久虽然对动物个体越有利，但这种情况可能并不能让基因在最大程度上获益。比如，我和你都是一个特定的基因组合，从基因的角度来说，在有了孩子后，我们为新的基因组合腾出空间可能是更好的做法。在一个资源有限的世界里，一个基因最好能与其他基因存在很多不同的组合，这就是为什么我们被安排死去——为了给别的基因组合腾出空间，但要等我们有了孩子以后再死去。道金斯的言下之意是，我们在不知情的情况下成了基因的仆人。复杂动物，比如我们自己，只是为了帮助基因复制而存在。一切都和基因有关。

近年来，出现了一些新的情况，我们这个物种拥有了智慧。这当然有助于我们复制更多的基因。人类凭借智慧更好地避开了捕食者，找到食物并得以在不同的环境中生活。但是人类新生的智慧带来了一个不是很符合基因最佳利益的结果。在地球的生命史上，人类第一次明白了世间万物的运行规律。我们开悟了。我们的新皮质包含了一个进化模型和一个宇宙模型，现在新皮质懂得了人类存在背后的真相。我们凭借知识和智慧开始考虑以不符合基因最佳利益的方式行事，比如采取节育措施。

我认为当前的人类处境是两股强大力量之间的较量。一方面，我们拥有基因和进化的过程，它们数十亿年来一直主导着生命。基因不在乎个体的存活，不在乎人类社会的存亡，大部分基因甚至不在乎人类这个物种是否会走向灭绝，因为基因通常存在于多个物种中。基因只关心它们能否进行复制。当然了，基因只是分子，它们不“在乎”任何事情。我使用拟人化的表达是为了方便理解。

另一方面，人类新生的智慧与悠久的基因进行着抗争。存在于大脑中的精神层面的“我”想要挣脱基因的奴役，不想再被之前引领我们发展到现在的自然选择过程所掌控。作为智慧个体的我们希望实现永生，人类这个群体一直存在。我们想要摆脱人类进化力量的控制。

上传你的大脑

将大脑上传到计算机中是一种逃脱方法。这能让我们避开生物的混乱状态从而以计算机模拟自我的形式长生不老。我并不是说上传大脑是主流想法，但是它确实存在已久，许多人都觉得它很吸引人。

现在我们还没有上传大脑所需的知识或技术，但是未来能做到吗？从理论的角度来看，我认为没有什么是不可能的。然而这很难实现，我们可能永远无法做到。但不论这种方案在技术上是否可行，我都不认为它是一种令人满意的选择。我的意思是，即便你能够将你的大脑上传到计算机中，你也未必会喜欢这个结果。

我们先来讨论一下上传大脑的可行性。这一方案的基础实现方法是我们制作一个包含了每个神经元和突触的地图，然后在软件中重建所有的结构。接下来，计算机模拟你的大脑，当计算机这样做的时候，它就会产生像你一样的感受。“你”将活着，但“你”会在一个计算机脑中而不是在你从前的生物脑中。我们需要上传多少你的大脑，才能上传全部的你？显然新皮质是需要上传的，因为它是思考和智能的器官。我们许多的日常记忆是在海马中形成的，所以我们也需要上传这部分。

那么旧脑中所有负责情感的中心区呢？脑干和脊髓呢？我们的计算机身体不会有肺和心脏，那我们需要上传负责这部分的大脑吗？我们应该让上传的大脑有感受疼痛的能力吗？你可能会想："当然不需要。我们只想要好东西！"但是我们大脑中的所有部分都以复杂的形式相互连接，如果不包括所有部分，那上传的大脑就会存在严重的问题。回想一下，一个人是如何感受到幻肢上那令人难以忍受的疼痛的，这种疼痛由一个缺失的肢体引起。如果我们上传新皮质，那么它会有你身体每个部分的表征。如果没有身体，你可能浑身都会感到剧烈的疼痛。类似的问题存在于大脑中的其他部分。如果身体的某个部分被遗漏了，其他部分的大脑就会出现混乱，不能正常工作。事实是，如果我们想要上传完整的"你"，而且希望上传的大脑正常，我们就必须上传整个大脑，即所有的一切。

那你的身体呢？你可能会想："我不需要身体，只要我能思考并和别人交流我就很开心。"但是你的生物大脑被设计为利用肺部和喉咙特定的肌肉组织发出声音，并学会使用眼睛上特定的光感受器的排列去看东西。如果你的模拟大脑要在你的生物大脑中断之处继续思考，那么我们需要重现"你的"眼睛：眼部肌肉、视网膜等。当然，上传的大脑不需要身体或眼睛，模拟就足够了。但是这意味着我们不得不模拟你特定的身体和感觉器官。大脑和身体紧密地连接在一起，从很多方面来说都是一个单一的系统。我们不可能在不严重破坏某些东西的情况下消除大脑或身体的某些部分。这些都不是根本的障碍，这只是意味着将你的大脑上传到计算机中比大多数人想象的要困难得多。

下一个我们必须回答的问题是，如何"读取"生物大脑的细节。我们怎样才能检测和测量大脑中足够多的细节，从而在计算机中重建你？人类大脑大约有 1000 亿个神经元和数万亿个突触。每个神经元和突触都具有复杂的形状和内部结构。为了在计算机中重建大脑，我们必须获得一个快照，其中包含大脑所有神经元和突触的位置和结构。我们现在还无法针对已死亡的大脑执行这一操作，更不用说针对活脑了。仅仅是表征一个大脑所需要的数据量就远超现有的计算机系统的承受力。获取在计算机中重建你所需的细节是如此困难，因此我们可能永远也做不到这一点。

但是，让我们把所有的这些担忧先放在一边，假设在未来的某个时候，我们有能力瞬间读取在计算机中重建你需要的所有东西，假设计算机具有足够的能力模拟你和你的身体。如果我们可以做到这些，我毫不怀疑基于计算机的大脑会像你一样拥有意识和知觉。但是你希望这样吗？也许你正在想象的是以下场景中的某一个。

你正处于生命的尽头，医生说你只剩几个小时了。在那一刻，你按下了一个开关。你的大脑变得一片空白，几分钟后你醒了，发现自己在一个新的基于计算机的身体上重生了。你的记忆是完整的，你再一次感受到了健康，你开始了新的永恒的生活。你喊道："啊，我还活着！"

现在想象一个稍微不同的场景，假设我们有技术能够读取你的大脑而不影响它。当你按下开关后，你的大脑被复制到了一台计算机中，但是你什么都没有感觉到。过了一会儿，计算机说："啊，我还活着！"但是你，以生物形式存在的你，也还在。现在有两个你，一个在生物身体里，一个在计算机身体里。计算机身体里的你说："现在我被上传了，我不需要之前的身体了，所以请处理掉它。"生物身体里的你说："等一下，我还在这，我没感觉到有什么不同，我也不想死。"我们应该怎么做呢？

或许这个困境的解决方法就是，让生物的你活完余生后自然死亡。这看起来是公平的，然而，直到你死亡前，都会有两个你存在。生物的你和计算机里的你会有不同的经历，所以随着时间的流逝，二者会逐渐分离，成为不同的人。例如，生物的你和计算机里的你可能形成不同的道德和政治立场。生物的你可能后悔创造了计算机里的你，而后者可能不喜欢某个老的生物人声称是他自己。

更糟的是，你可能会在你的生命早期就面临上传大脑的压力。例如，假设计算机里的你的智能健康状况取决于上传时生物的你的智能健康状况，为了使你的永恒复制体拥有最佳的生活质量，你应该在精神最健康的时候上传你的大脑，比如 35 岁的时候。你可能希望早点上传大脑的另外一个原因是，生物的你每一天都有可能因意外死亡而失去永生的机会。因此，你决定在 35 岁的时候上传自己。问问你自己，35 岁时生物的你在复制了你的大脑后，会坦然面对自杀吗？当看到你的计算机复制体开始自己的生活，而生物的你慢慢衰老然后死亡时，生物的你会觉得自己实现了永生吗？我不这么想。“上传你的大脑”具有误导性，你实际上是把自己分成了两个人。

现在想象一下你上传了自己的大脑，然后计算机里的你立刻把自己复制了 3 份。现在有 4 个计算机里的你和一个生物的你，你们 5 个开始有不同的经历并逐渐疏远，每个都有独立的意识。你永生了吗？ 4 个计算机里的你中哪个才是永生的你？随着生物的你慢慢老去，走向死亡，你看着这 4 个计算机里的你过着各自的生活。共同的“你”并不存在，存在的只是 5 个个体。他们最初可能拥有同样的大脑和记忆，但是他们立即就会变成不同的人，从此过着不同的生活。

或许你已经注意到这些场景就像生孩子。最大的不同当然是在你的孩子出生时，你没有把你的大脑上传到他们的大脑里。我们在某些方面试图这样做。我们会向自己的孩子讲述家族的历史，训练他们拥有和我们同样的道德和信仰。通过这样的方式，我们将自己的一些知识上传到孩子的大脑中。但是随着他们不断长大，有了自己的经历后，他们会成为不同的人，就像你上传的大脑那样。想象一下，如果你可以把你的大脑上传给你的孩子，你希望这样做吗？如果你这么做了，我相信你会后悔的。你的孩子会背负你过去的记忆，并且将会终其一生想方设法忘记你所做的一切。

上传你的大脑听起来是个不错的想法。谁不想长生不老呢？但是通过将你的大脑上传到计算机来获得你的复制体，不会比生育一个孩子更能实现永恒。复制你自己只是一个岔路口，而不是道路的延伸。在岔路口后会有两个意识体存在，而不是一个。一旦你意识到这一点，上传你的大脑的吸引力就会消退。

融合大脑与计算机

将你的大脑与计算机融合是将大脑上传到计算机的一个替代方法。在这种情况下，电极被放进你的大脑中，然后连接到计算机上。现在你的大脑能直接从计算机接收信息，计算机也能直接从你的大脑接收信息。

将人脑和计算机连接起来能实现很多功能。例如，脊髓损伤会让人几乎或根本没有活动能力。通过在伤者的大脑中植入电极，伤者能够学习通过思考去控制机械手臂或计算机的鼠标。这种脑控假肢已经取得了重大进展，有望改善许多人的生活。控制一个机械手臂不需要很多大脑的连接。例如，几百个甚至几十个从大脑连接到计算机的电极就足以控制肢体的基本动作。

但是一些人梦想着一种更深入的、连接更完整的脑机接口，一种有数百万乃至数十亿双向连接的接口。他们希望这种脑机接口能给我们带来惊人的新能力，比如我们可以像提取记忆一样简单地获取互联网上的全部信息，进行超快计算和数据搜索。融合人脑和计算机，我们会借此从根本上提升思维能力。

与“上传大脑”的场景相似，脑机融合也必须克服极大的技术挑战。这些挑战包括怎样用微创手术植入数十亿电极，怎样避免我们的生物组织排斥这些电极，以及怎样可靠地瞄准数百万个单独的神经元。目前，有一些工程师和科学家团队正在研究这些难题。再次强调，我不希望把重点放在技术挑战上，而是希望放在动机和结果上。所以，我们假设可以解决这些技术难题。为什么我们想要这么做呢？虽然脑机接口对帮助受伤群体非常有意义，但是我们为什么对健康人也要这样做呢？

正如我提到的那样，围绕着融合人脑和计算机的一个主要论点是，对抗超级人工智能的威胁。想想智能爆炸威胁，即智能机器迅速地超越了人类。我在前面说过，智能爆炸不会发生，也不会对人类的生存构成威胁，但是有很多人不这么认为。他们希望通过将人脑和计算机融合，让人类也能够获得超级智能，从而避免被人工智能甩在后面。我们确实进入了一个科幻小说的领域，但是这是没有意义的吗？我并不排斥脑机接口增强大脑的想法，我认为我们需要通过基础科学研究来修复伤者的行动能力。在这个过程中，我们可能会发现这些技术的其他用处。

例如，想象我们发现了一种方法，通过这种方法我们能够精确地刺激新皮质中的数百亿神经元。也许我们能通过病毒引入的类似条形码的DNA片段来标记单个神经元（这种技术现在已经存在），然后我们用针对单个细胞代码的无线电波激活这些神经元（这种技术还没有出现，但将来也有可能出现）。现在我们有了一种能够精确控制数百万神经元的方法，并且无须手术或植入。这可以被用来恢复眼睛功能障碍患者的视力，或者创造一种新的传感器，比如让人利用紫外光看见东西。我不确定我们是否能完全将我们的大脑与计算机融合，但获得新的能力仍然会是可能取得的进展。

在我看来，“上传大脑”这一方案几乎没有好处，而且难以实现。“脑机融合”的方案可能会实现有限的目标，但达不到大脑与计算机的完全融合。脑机融合仍然保留了生物的大脑和身体，而它们会衰弱并死去。

重要的是，这两个方案都没有解决人类面临的生存风险。如果我们这个物种不能永生，那我们如今能做些什么，可以让我们的存在变得有意义，即使是在去世之后，仍然让我们的存在有意义？

A THOUSAND BRAINS

保存人类遗产的 3 种可能

第 15 章　保存人类遗产的 3 种可能

到目前为止，我一直在讨论生物和机器两种智能。从这里开始，我想把讨论的重点转移到知识上。知识只是我们对这个世界的了解的总和。你的知识是存在于你的新皮质中的世界模型。人类的知识是所有人类个体对世界的了解的总和。在本章和最后一章中，我将探讨知识值得保存和传播这一观点，即便保存和传播知识的过程并不依赖人类本身。

我常拿恐龙举例。恐龙在地球上生活了大约 1.6 亿年。它们为食物和生存领地而战，想方设法不被捕食者吃掉。和人类一样，它们也会照顾幼崽，并试图保护自己的后代免受捕食者的侵害。恐龙存活了数千万代，但已从这个蓝色星球上消失。它们这个物种中无数曾活过的个体是为了什么而活？它们曾经的存在有何意义？一些恐龙物种进化成了今天的鸟类，但大多数已经灭绝。如果人类没有发现恐龙遗骸化石，那么浩渺宇宙中很可能没有物种会知道恐龙曾经在地球上存在过。

人类也可能会重蹈覆辙。如果人类灭绝，以后会有其他物种知道人类曾经存在过，曾经生活在这个蓝色星球上吗？如果他们没有找到人类遗骸，那么人类在科学、艺术、文化和历史上所取得的一切成就都将永远消失。而永远消失就如同从未存在，这种可能性让我感到不安且惶恐。

当然，在短期内，就在此时此地，我们的个人生活在很多方面都可以充满意义和目的。我们改善社区，抚育子女，进行艺术创作，享受自然的馈赠。此类活动为我们带来快乐与充实的生活。但这些行为的意义都是针对个体的，且都是转瞬即逝的。当我们和所爱之人一同做这些事时，这些活动对我们来说是有意义的，但任何意义或目的都会随着时间的推移而消失。如果人类这个物种灭绝，没有留下任何记录，这些活动也会湮灭不复。

几乎可以肯定的是，我们智人将在未来某个时刻灭绝。几十亿年后，太阳会消亡，太阳系也将会终结。在此之前的几亿到10亿年间，太阳就会变得更热，体积会大大增加，将地球变成一个炽热的烤箱。这些事件还很遥远，我们现在不需要过早担心，但人类有可能更早灭绝。例如，地球可能会被一颗较大的小行星撞击，当然短期内这不太可能发生，但在更长的时间周期内，这种情况随时都有可能发生。

人类在短期内，例如，在未来100年或1000年内，面临的灭绝风险最有可能是来自人类自身制造的威胁。迄今为止，人类的许多前沿技术才存在百年时间，在这段时间里，人类就已制造了两个威胁：核武器和气候变化。随着技术进步，人类极有可能制造新的威胁。例如，我们已经学会了如何精准修改DNA。我们有可能会制造出几乎可以杀死每一个人的新型病毒或细菌菌株。没有人知道会发生什么，但我们不太可能已经创造出毁灭自己的方法。

当然，我们会竭力避免这些风险。对于人类能够避免在短期内引起自身灭绝这件事，我总体上保持乐观态度。我认为，现在讨论一下我们眼下能做些什么是件好事，可以未雨绸缪。

遗产规划是你在生前所做的对未来有益，而不是对你自己有益的事情。许多人不屑做遗产规划，因为他们认为这对他们自身无益。这种想法未必正确。制订遗产计划的人通常会认为这个过程提供了一种目的感，或者说过程本身创造了一种遗产。此外，制订遗产计划的过程会迫使你从一个更广阔的角度来思考当下的生活。做这件事的合适时间是在你临终之前，因为死后你就失去了计划和执行的能力。人类的遗产规划也理应如此，现在是思考未来，以及当我们已经不在时将如何能够影响未来的好时机。

谈到人类遗产规划，那么谁可能受益呢？当然不是人类，因为前提是我们已经离开。我们规划的受益者是其他智能生物。只有智能动物或智能机器能够欣赏人类的存在、人类历史以及人类积累的知识。我预见有两类未来的生命群体需要思考。如果人类灭绝，但其他生命继续存在，那么有智能的动物就有可能在地球上实现第二次进化。任何人类这个物种以外的智能动物肯定会希望尽可能多地了解曾经存在的人类。你可以把这种情景想象成“人猿星球”，这个名字源自采用这一背景设定的同名图书和电影。还有一类群体也是我们可以尝试接触的，他们是生活在银河系其他地方或其他星系的外星智能物种。他们存在的时间可能与人类重叠，也可能不重叠，而是出现在遥远的未来。我将讨论这两种情况，尽管我认为关注后者可能在短期内对我们最有意义。

为什么其他智能生物可能会在意我们？我们现在能做什么，会让他们在我们离开后仍对我们充满兴趣？最重要的是，让他们知道我们曾经存在过。仅这一事实本身就很有价值。想一想，如果我们知道宇宙的其他地方曾有智能生物存在，我们会多么激动。对许多人来说，这将完全改变他们的人生观。即使我们无法与外星生物沟通，但知道他们存在或曾经存在，就已令我们激动不已。这就是搜寻地外文明（以下简称SETI）计划的目标，这是一个力图寻找宇宙其他地方智能生物存在证据的研究项目。

除了我们曾经存在的事实，我们还可以向未来的接收者介绍历史，并向他们传授知识。想象一下，如果恐龙能告诉我们它们是如何生活的，是什么导致了它们灭绝，将是多么有趣的一件事啊！这也许对我们来说非常有用。但是，因为我们有智慧，我们可以告诉未来的接收者那些比恐龙可以告诉我们的更有价值的东西。我们或许可以做到倾囊相授。我们可能拥有比未来的接收者所知道的更为先进的科技知识。请注意，这里谈论的是人类在未来的知识，那将比现在的知识更为先进。再次对照自身，想一想如果我们能够知道这些事实，例如，时间旅行是否会成为可能，或如何制造一个实用的核聚变反应堆，或只是某些最基本问题的答案，如宇宙是有限的还是无限的，这对如今的我们来说，是多么有价值啊！

此外，我们或许有机会记录并传达人类灭绝的原因。例如，如果我们现在能够了解遥远星球上的智能生物是由于自我引起的气候变化而灭绝的，那么我们就会更认真地对待当前的气候状况。了解其他智能生物存在了多久及其灭绝的原因，能帮助我们生存得更久。这类知识的价值不可估量。

我将通过描述三种可能用于未来沟通的场景，进一步阐述以上想法。

漂流瓶之信

假设你被困在一个荒岛上，你可以写一封信，把它放入瓶中投入大海。你会写些什么？你可能会写下你所在的位置，并寄希望于有人很快发现并救出你，但你不会对这种情况抱有太大希望。更有可能的是，你的信在你离世许久之后才被发现。因此更为现实的情况是，你可以写你是谁，以及你是如何被困在岛上的。你希望将来有人知道并传诵你的故事。瓶子和信是一种让你不被遗忘的手段。

20 世纪 70 年代初发射的先驱者号探测器已经离开了太阳系，进入了浩瀚的宇宙中。天文学家卡尔·萨根（Carl Sagan）主张在先驱者号探测器上加入一个铭牌。这个铭牌表明了探测器的来源，上面还有一张一男一女的合照。70 年代后期，旅行者号探测器也同样携带了一张包含地球上的声音和图像的金唱片。我们可能无法再看到这些探测器。按照它们的飞行速度，数万年后它们才有可能到达另一颗恒星。尽管这些探测器不是为了与遥远的外星人交流而设计，但它们是人类第一批带着信息的宇宙漂流瓶。它们在很大程度上具有象征意义，这并不是因为它们不知要花多长时间才能接触到潜在的接收文明，而是因为它们可能永远都不会被发现。宇宙广袤无垠，探测器如此渺小，它们遇到任何东西的机会都极为微小。不过，知道这些探测器存在，知道它们在太空旅行是件令人欣慰的事。如果太阳系明天就爆炸了，这些铭牌、照片、唱片将是地球上存在生命的唯一实证。它们将是我们唯一的遗产。

近年来，有些人倡议要向地球附近的恒星发射宇宙飞船。其中一项名为“突破摄星”（Breakthrough Starshot）的计划尤为显眼。它设想使用高功率的天基激光器，来推动微小型宇宙飞船前往离地球最近的恒星半人马座阿尔法星。这项计划的主要目标是拍摄半人马座阿尔法星轨道上的行星照片，并将其传回地球。乐观估计，整个过程将需要数十年。

像先驱者号探测器和旅行者号探测器一样，即使人类灭绝，摄星探测器在很长一段时间内仍会继续在太空中旅行。如果这些探测器被宇宙中其他地方的智能生物发现，那么这些生物就会知道人类曾经存在过，并且有足够的智能在星际间发送探测器。可惜，这种有意将人类的存在传达给其他智能生物的方式是很糟糕的。探测器又小，运行速度又慢。它们只能到达银河系的极小部分，而且即使它们到达一个已有智能生物居住的恒星系统，被发现的可能性也极小。

长明灯

SETI 研究所多年来一直试图探测宇宙中其他地方的智能生物。SETI 计划假设其他智能生物正在以足够的功率广播其信号，以便在地球上的人能够探测到它。我们的雷达、无线电和电视广播也向太空发送信号，但这些信号非常微弱，我们使用现有的 SETI 技术无法探测到来自其他星球的类似信号，除非它们来自离我们很近的星球。因此，现在可能有数以百万计的行星拥有和我们类似的智能生物，他们散布在宇宙中，而且可能每个行星都有一个与我们一样的 SETI 探测项目或程序，但谁也没有探测到任何东西。他们可能和我们一样，会问："大家都在哪里？"

为了使 SETI 计划获得成功，我们假设智能生物是有意地制造出适合远距离探测的强信号的。我们也有可能探测到不是为我们的探测而设计的信号。也就是说，我们可能只是碰巧听到了一个目标明确的信号，无意中听到了一段对话。但是，在大多数情况下，SETI 计划会假设一个智能物种正试图通过发送一个强信号来使自己为其他物种所知。

若我们也抱着同样的目的实施我们的计划，那就太周到了。这种做法被称作传递地外智能的信息（Messaging Extraterrestrial Intelligence，METI）。你或许会惊讶地发现，相当多的人认为 METI 计划是一个坏主意，或许是有史以来人类最糟糕的主意。这些人担心，如果向太空发送信号，其他智能文明就会知道人类的存在，那么其他更先进的文明就可能来到地球，杀死我们，奴役我们，在我们身上做实验，或者也许不小心让我们感染了一种无法抵抗的怪虫。也许他们正在寻找可以殖民繁衍的星球，而找到这样一个星球最简单的方法就是等待像我们这样的人举手说道："我们在这里！"这样一来，人类将不可避免地面临灭顶之灾。

这让我想起了首次创业者最常犯的错误之一。他们担心有人会窃取他们的想法，因此选择保密。在几乎所有情况下，你最好与任何可能帮助你的人分享你的想法。其他人可以为你提供产品和业务开展的建议，并在许多其他方面提供帮助。创业者将自己正在做的事情告诉其他人，远比保密更有可能获得成功。怀疑每个人都想窃取自己的想法是人类的天性。然而现实情况是，如果有人在意你的想法，那你是幸运的。

METI 计划的风险是建立在一系列不可能的假设之上的。首先，要假设其他智能生物有能力进行星际旅行。其次，要假设他们愿意花费大量的时间和精力来进行地球之旅。除非外星人就藏在附近的某个地方，否则他们可能需要数千年的时间才能到达这里。还要假设，这些智能生物需要地球或地球上的某些东西，而这些东西是他们通过其他方式无法得到的，所以这趟旅行是值得的。另外还要假设，尽管拥有星际旅行的技术，但在我们没有广播我们存在的情况下，他们没有技术能探测地球上的生命存在。最后，还需要假设这样一个先进的文明想要伤害我们，而不是试图帮助我们或至少不伤害我们。

关于最后一点，一个合理的预设是，宇宙中其他地方的智能生物是由非智能生物进化而来的，就像人类一样。因此，外星人可能面临着与人类今天所面临的相同类型的生存风险。能够生存足够长的时间，成为宇宙中的一个物种，便意味着他们以某种方式克服了这些风险。因此，无论他们现在拥有什么样的大脑，都很可能不再被错误信念或危险的攻击性行为所支配。虽然我们无法保证这一定会发生，但这降低了他们伤害我们的可能性。

基于以上原因，我相信我们对 METI 计划没有什么可担心的。就像一个新的创业者一样，我们最好是努力告诉全宇宙我们的存在，并希望有其他物种会关心我们。

SETI 和 METI 计划的可行性在很大程度上取决于智能生物通常能延续多久。有可能在我们的星系中，智能生物已经出现了数百万次，而几乎没有两个智能生物同时存在。举个例子，想象一下，50 个人受邀参加一个晚会。每个人都在随机选择的一个时间点到达晚会现场。当他们到达那里时，打开门走进去，他们看到一个正在进行的晚会或一个空无一人的房间的可能性有多大？这取决于他们各自的停留时间。如果所有参加晚会的人都只停留一分钟即离开，那么几乎所有参加晚会的人都会看到一个空房间，并得出结论，没有其他人来参加晚会。如果参加晚会的每个人都待上一两个小时，那么聚会就会很成功，因为会有很多人同时出现在房间里。

我们不知道智能生物通常能持续多久。以银河系为例，银河系大约有 130 亿年的历史，假如其中 100 亿年时间已经能够支持智能生物的存在，这 100 亿年就是晚会的时长。如果我们假设人类作为一个拥有科技的智能生物生存了 1 万年，那么这就好像我们出现在一个 6 小时的晚会上，但只停留了 1/50 秒。即使有数以万计的其他智能生物出现在同一个聚会上，但我们在那里时很可能不会看到其他智能生物。我们将看到一个空房间。如果我们期望在银河系中发现智能生物，那就要求智能生物经常出现，并且存在的时间足够久。

我预计，地外生命是很常见的。据估计，仅在银河系中就有大约 400 亿颗行星可以支持生命的存在，而地球上的生命出现在数十亿年前，也就是在地球形成后不久。如果地球是一个典型的孕育生命的环境，那么生命将在银河系中普遍存在。

我还相信，许多存在生命迹象的星球最终会演化出智能生物。我曾提出，智能基于大脑机制，这些机制最初是为移动我们的身体和识别我们去过的地方进化而来的。因此，一旦其他某个星球上有多细胞动物在活动，那么智能自然会出现。然而，我们感兴趣的是了解存在实体的智能生物，他们拥有从太空发送和接收信号所需的先进技术。在地球上，这种情况只发生过一次，而且是在最近。我们只是没有足够的数据来确定像我们这样的物种有多普遍而已。我的猜测是，拥有先进技术的物种出现的频率比你只看地球的历史可能得出的频率要高得多。我对先进技术的出现花了这么长时间而感到惊讶。例如，我认为 1 亿年前恐龙在地球上漫游时，拥有先进技术的物种没有理由不会出现。

不管拥有先进技术的物种有多普遍，它都不可能会持续很长时间。银河系中其他地方拥有先进技术的物种很可能会遇到我们所面临的类似问题。地球上失败的文明的历史，以及我们正在制造的生存威胁表明，先进的文明可能不会持续很久。当然，像我们这样的物种或许可以找到生存数百万年的方法，但我个人认为这不太可能实现。

这意味着，智能和拥有先进技术的生物可能已经在银河系中出现了数百万次。但是遥望星空时，我们不会发现智能生物正在等着与我们对话。相反，我们会看到曾经存在但现在已经不存在智能生物的恒星。“大家都在哪里？”这个问题的答案是，他们已经离开晚会。

有一种方法可以绕过所有这些问题，帮助我们在银河系中，甚至可能在其他星系中发现智能生物。想象一下，我们发射了一个信号，表明人类曾在地球上存在过。这个信号需要足够强，才能在很远的地方被探测到，而且需要持续很长时间。这个信号需要在人类灭绝后仍然长期存在。发射这样一个信号就像在晚会上留下一张名片，上面写着：“我们曾经来过。”后来参加晚会的人找不到我们，但他们会知道我们曾经来过。

这是思考 SETI 和 METI 计划的另一种方式。具体来说，这种方式建议我们首先应该把精力放在如何发射一个足够持久的信号上。我所说的持久，是指10万年、数百万年，乃至10亿年。信号持续的时间越长，它就越有可能成功。这个想法还有一个好处：只要我们弄清楚如何发射这样的信号，也就知道了自己应该寻找什么。其他智能生物可能会得出与我们相同的结论。他们也会探寻如何发射一个足够持久的信号。只要弄清楚如何做到这一点，那么我们就能参照创造信号的方法开始寻找信号。

如今，SETI 计划旨在寻找含有某种模式的无线电信号，表明该信号是由一个智能生物发出的。例如，一个重复 π 的前 20 位数字的信号肯定是由一个智能生物创造的。我不确定我们是否能找到这样的信号。这需要假定其他地方的智能生物建立了一个强大的无线电发射器，并利用计算机和电子技术，在信号中放置了一段代码。我们曾做过几次这样的事情。要完成这件事，需要一个指向太空的大天线、电能、人和计算机。由于我们发射的信号持续时间很短，这些信号更多的是象征性的尝试，而不是认真尝试与其他地方的智能生物取得联系。

使用电能、计算机和天线来发射信号的问题是，这个系统不会运行很久。天线、电子器件、电线等若不加以维护，恐怕都不能正常运转 100 年，更不要说 100 万年。我们选择的发射存在信号的方法必须是强大的、可泛用的和可自我持续的。一旦启动，它不需要任何维护或干预，就能可靠地运行数百万年。恒星就是这样，一旦启动，恒星就会在几十亿年内发出大量的能量。我们想找到类似的东西，但如果没有智能生物的指导，也就无法开始。

天文学家在宇宙中发现了许多奇怪的能量来源，例如，振荡、旋转或短时脉冲能量。天文学家为这些不寻常的信号寻找解释，通常他们会找到合理的解释。也许一些尚未得到解释的现象并非自然现象，而是我所说的那种信号，是由智能生物发出的。那就太好了，但我怀疑事情可能并非如此。更有可能的情况是，物理学家和工程师将不得不花一段时间研究这个问题，想出一套可能的方法，创造一个强大的、可自我持续且确实是由智能生物发射的信号。该方法还必须是人类可以实施的。例如，物理学家可能设想出一种能够产生这种信号的新型能源，但是如果我们自己没有能力创造这种能源，那么我们就应该假设其他智能生物也不能，我们就应该继续寻找。

多年来，我一直在关注这个问题，一直在关注可能符合条件的东西。当今，天文学最令人兴奋的领域之一是，发现围绕其他恒星运转的行星。此前，人们还不知道行星是常见的还是罕见的。我们现在知道了答案：行星是常见的，而且大多数恒星都有多颗行星。我们知道这一点主要是通过这样一种方法：当一颗行星在遥远的恒星和我们的望远镜之间经过时，我们探测到了星光的轻微减弱。我们可以用同样的基本思路来发出人类存在的信号。例如，想象一下，如果我们将一组物体放入轨道，以一种不会自然发生的模式阻挡一点太阳光。这些在轨道上运行的太阳光阻挡器将继续围绕太阳运行数百万年，即使在人类消亡很久以后，它们仍可以从很远的地方被探测到。

我们已经拥有建立这样一个太阳光阻挡器系统的手段，而且可能会有更好的方法来表明我们的存在。本书不会评估人类的这些选择。我只会为你呈现以下观察结果：第一，智能生物可能已经在我们的银河系中进化了成百上千万次，但我们不太可能发现自己与其他智能生物共存；第二，如果我们只寻找需要发送者持续参与的信号，SETI 计划将不太可能成功；第三，METI 计划不仅安全，而且是我们在银河系发现智能生物所能做的最重要的事情。我们需要首先确定人类如何能够以一种持续数百万年的方式让别人发现自己。只有这样，我们才会知道该寻找什么。

维基地球

让一个遥远的文明知道我们曾经存在过，是一个重要且首要的目标。但对我来说，人类最重要的东西是人类的知识。我们是地球上唯一掌握了宇宙知识及宇宙运行方式的物种。知识稀有，我们应该努力保存。

假设人类灭绝了，但地球上的其他生命仍在继续。例如，人们认为是一颗小行星撞击地球导致了恐龙和许多其他物种灭绝，但也有一些小动物在撞击中幸存下来。6000 万年后，这些幸存者中的一些进化成了人类。这种情况确实发生过，而且可能会再次发生。想象一下，现在人类已经灭绝了，也许是由于一场自然灾害或我们所做的事情。其他物种幸存下来，5000 万年后，其中一个物种变成了智能生物。那个物种肯定想知道关于早已逝去的人类时代的一切，尤其想知道人类的知识范围，以及人类的历史。

如果人类灭绝，那么在短短 100 万年左右的时间里，所有关于人类生命的详细记录都可能会丢失。一些城市和大型基础设施会留下被埋葬的遗迹，但几乎所有的文件、影像和记录都将不复存在。未来的非人类考古学家将努力拼凑人类的历史，就像如今的古生物学家努力弄清恐龙的情况一样。

作为遗产计划的一部分，我们可以以一种更持久的形式，一种可以持续数千万年的形式保存人类的知识。我们有几种方法可以做到这一点。例如，我们可以不断地对类似维基百科这样的知识库进行存档。维基百科本身是不断更新的，所以它可以记录从人类诞生到人类社会开始走向衰败的所有事件，它涵盖了广泛的主题，而且存档过程可以实现自动化。存下的档案不应该位于地球上，因为地球可能会在某个事件中被部分摧毁。经过数百万年的时间，几乎没有什么能够完整保存下来。为了应对这个问题，我们可以把档案放在一组环绕太阳运行的卫星上。这样的档案很容易被发现，同时很难被改变或破坏。

我们可以设计存储在卫星上的档案，这样就可以向它发送自动更新的信息，且其内容无法删除。卫星上的电子装置在我们离开后不久就会停止运行，因此，要读取档案，未来的智能生物将不得不开发技术，前往档案馆，将其带回地球并提取其中的数据。我们可以在不同的轨道上使用多颗卫星以实现冗余备份。我们已经具备了创建卫星档案和检索档案的能力。想象一下，如果地球上以前的一个智能生物在太阳系周围放置了一组卫星，我们现在就会发现它们，并且已经把它们带回了地球。

从本质上讲，我们可以创造一个时间胶囊，让它持续存在数百万年或数亿年。在遥远的未来，无论是在地球上进化出的智能生物，还是从另一颗恒星上来到地球上的智能生物，都可以发现这个时间胶囊并读取其中的内容。到那时，我们已无法知道人类的信息储存库是否会被发现，而这就是遗产计划的本质。如果我们这样做了，而时间胶囊中的内容在未来被读取了，想象一下接收者会多么感激我们。你只需设身处地地想一想，如果我们自己发现了这样一个时间胶囊，会有多么激动。

人类遗产计划类似个人遗产计划。我们希望人类这个物种能够永远存在，这也许会发生。但更谨慎的做法是制订一个计划，以防奇迹不会发生。我已经提出了几个我们可以尝试的想法。一个是将我们的历史和知识存档，让地球上未来的智能生物能够了解人类，比如人类知道什么，人类的历史，以及最终发生在人类身上的事情。另一个是发射一个持久的信号，告诉处于时空其他地方的智能生物，智能人类曾经生活在我们称之为太阳的恒星周围。持久信号的美妙之处在于，它会在短期内帮助我们，引导我们发现在我们之前存在过的其他智能生物。

花时间和金钱来实施这样的计划值得吗？把我们所有的努力都投入到改善人类的生活是否更好？短期投资和长期投资之间总是存在冲突。短期的问题更加紧迫，而针对未来的投资往往没有立竿见影的效果。无论是政府、企业，还是家庭，都面临着这种两难境地。然而，不进行长期投资就会导致未来的失败。在目前这种情况下，我相信投资人类的遗产计划在近期就会带来几个好处。它将使我们更清楚地认识到人类所面临的生存威胁，促使更多人去思考人类这个物种的行为所带来的长期后果。而且，即使我们最终失败，它也将成为我们生活中的一个目标。

A THOUSAND BRAINS

阻止人类灭绝的 3 种方法

第 16 章　阻止人类灭绝的 3 种方法

“旧脑与新脑”是本书第 1 章的主题，也是贯穿本书始终的主题。回顾一下，我们 30% 的大脑，即旧脑，是由许多不同部分组成的。这些旧脑区域控制着我们的身体机能、基本行为和情绪。其中一些行为和情绪会使我们具有攻击性，个性中会有暴力、贪婪和欺骗等特征。我们每个人都或多或少地会有这些倾向，因为进化论认为它们对传播基因很有帮助。我们 70% 的大脑，即新脑，是由新皮质构成的。新皮质学习世界的模型，正是这个模型使我们变得智能。智能的进化是因为它也对传播基因有帮助，我们是基因的仆人，但旧脑和新脑之间的力量平衡已经开始发生转变。

数百万年里，我们的祖先对地球以及更广阔的宇宙的了解有限。他们只了解能够亲身体验的东西。他们不知道地球的大小，也不知道它是一个球体；他们不知道太阳、月亮、行星和恒星是什么，以及它们为什么能在天空中移动；他们不知道地球有多古老，也不知道地球上的各种生命形式是如何产生的。我们的祖先对我们存在的最基本的事实几乎一无所知。他们编造了关于这些奥秘的故事，但这些故事并非事实。

最近，我们凭借智慧解开了困扰祖先多年的谜团。科学发展的步伐正在加快。我们知道了宇宙的广袤无垠、人类的渺小脆弱。我们现在明白，地球已有几十亿年的历史，地球上的生命也已进化了几十亿年。而且，整个宇宙似乎是按照一套规律工作的，其中一些规律也已被我们发现。并且，人类极有可能发现所有规律，这一点充满了吸引力。世界各地数以百万计的人正积极致力于科学探究，还有数十亿人深感与这一使命息息相关。这是一个令人振奋的时代。

然而，有一个威胁可能会迅速停止人类的启蒙竞赛，并可能会使人类这个物种灭绝。在本书的前几章中，我解释说，无论我们变得多么聪明，我们的新皮质仍然与旧脑相连。随着科技发展越来越强大，旧脑的自私和短视行为可能会将我们引向灭绝，或使我们陷入社会崩溃的局面，并进入另一个至暗时代。如今，仍有数十亿人对生命和宇宙的最基本信息持错误信念，而这些病毒式的错误信念也是威胁我们生存的行为来源。

进退两难。“我们”——位于新皮质中的关于人类自身的智能模型被困住了。我们被困在一个不仅被设定为终将走向死亡的身体里，而且在很大程度上被一个无知的野蛮人——旧脑所控制。我们可以用自己的智慧来想象一个更好的未来，我们也可以采取行动来实现期望的未来。但是，旧脑可能会毁掉一切。在过去，它产生的行为有助于基因的复制，尽管许多行为并不美好。我们试图控制旧脑的破坏性和分裂性冲动，但到目前为止，我们还不能完全做到这一点。

该怎么办？在第 15 章中，我讨论了在人类生命无法延续的情况下我们保存知识的方法。在这最后一章中，我将讨论要防止人类灭绝可以采取的 3 种方法。第 1 种方法在不修改我们的基因的情况下可能行得通，也可能行不通；第 2 种方法基于基因修改；第 3 种方法则完全放弃了生物学。

这些想法或许会让你觉得很极端。然而，我们扪心自问：生命的最终目的是什么？当我们为生存而挣扎时，我们要保存的是什么？在过去，无论是否有意，活着就是为了保存和复制基因。但这是最好的发展方式吗？如果我们现在决定，活着应该关注智慧和知识的保存流传，那又会怎么样呢？若做出这样的选择，如今看起来极端的行为，在未来有可能是合理的举动。在我看来，我在本章中提出的 3 个想法是可能的，并且有极大的可能在未来得以贯彻实施。现在看起来不太可能，就像在 1992 年掌上电脑似乎不太可能出现一样。让时间来检验一切，看看到底哪一个是可行的。

方法 1：成为星际物种

当太阳寿命殆尽，太阳系中的所有生命也会灭绝。但大多数与人类有关的灭绝事件都是在地球上发生的。例如，如果一颗较大的小行星撞击地球，或者爆发一场全球核战争，都会导致地球不再适宜居住，而附近的其他星球将不会受到影响。因此，降低人类灭绝风险的一个方法是成为一个星际物种。如果我们能在附近的一颗行星或月球上建立一个永久居住地，那么即使地球变得不再宜居，人类这个物种和人类积累的知识也能留存下来。这一逻辑是目前将人类送上火星的努力背后的驱动力之一，火星似乎是建立人类居住地的最佳选择。对于人类有可能会到其他星球旅行，我感到十分兴奋。人类已经很久没有前往新的未知之地了。

在火星上生活，主要的困难是生存环境艰难。缺乏至关重要的大气层意味着在室外短暂暴露就会使你丧命，而你居住的屋顶或窗户破损也可能会使你和你的家人全部丧命。在火星上，来自太阳的辐射更强，这是生活在那里的一个主要风险，所以你将不得不时刻保护自己免受太阳辐射。火星土壤有毒，也没有地表水。客观来说，住在地球的南极都比住在火星容易。但这并不意味着应该放弃这个想法。我相信我们可以在火星上生活，但要做到这一点，我们需要创造一些还没有的东西。我们需要智能自主的机器人。

为了让人类在火星上生活，我们需要大型、密闭的建筑物来培育和种植作物。我们需要从矿井中提取水和矿物质，并制造空气，以供呼吸。此外，我们还需要对火星进行地形改造，重新引入大气。这些都是巨大的基础设施项目，可能需要几十年或几个世纪才能完成。在火星上实现自给自足之前，我们将不得不从地球上运输所需的一切：食物、空气、水、药品、工具、建筑设备、材料和大批大批的人。所有的工作都必须在穿着笨重的太空服的情况下完成。在建造宜居环境和建立一个永久的、自给自足的火星居住地所需的所有基础设施的过程中，人类将面临的困难怎么形容都不夸张。生命的损失、心理上的伤害和经济上的损失都将是巨大的，可能比我们愿意承受的还要大。

但是，如果我们不派遣人类工程师和建筑工人，而是派遣智能机器人工程师和建筑机器人，那么为人类改造火星是可以做到的。这些机器人将利用太阳的能量，并且可以在户外工作而不需要食物、水或氧气。它们可以不知疲倦地工作，没有任何情绪压力，只为能将火星改造成安全的人类居住地。机器人工程师团队将需要自主开展工作。如果他们依赖与地球的持续通信，那么进展就会十分缓慢。

尽管这个场景听起来很科幻，但我本人从来都不是科幻小说的粉丝。不过我也认为我们没有理由不这样做，而且，如果我们想成为一个星际物种，我相信别无他选。人类要想在火星上长期生活，就一定需要智能机器的帮助。关键的要求是赋予火星上的机器人劳动能力以及相当于新皮质的能力。机器人需要使用复杂的工具，操作材料，解决各种意料之外的问题，并像人类那样相互交流。我相信，我们能够实现这一目标的唯一途径是完成大脑新皮质的逆向工程，并经由计算模拟创建同等结构。自主的机器人需要有一个根据前文所描述的千脑智能理论原则设计的大脑。

创造真正的智能机器人是可以实现的，我确信这一点。我相信，如果人类把它作为优先事项，在几十年内便可以做到。而且，也有很多源自地球本身的理由来创造智能机器人。因此，即使我们不把它作为国家或国际优先事项，市场力量最终也会推动机器智能和机器人技术的发展。我希望世界各地的人都能够理解，成为一个星际物种是一个令人兴奋的目标，对人类这一物种的生存至关重要，而智能建筑机器人则是实现这一目标的必要条件。

即使我们创造出智能建筑机器人，对火星进行改造，并建立人类的居住地，我们仍然有一个问题没有解决。去火星居住的人和地球上的人一样，都有一个旧脑，以及与之相伴的所有并发症和风险。生活在火星上的人类将争夺领土，基于错误信念做出决策，并可能为生活在那里的人带来新的生存风险。

历史表明，最终生活在火星上的人和生活在地球上的人可能会爆发冲突，从而危及其中一方或两败俱伤。例如，我们可以想象一下，200

年后，1000 万人生活在火星上，但后来，地球上发生了一些糟糕的事情。也许人类不小心用放射性元素毒害了地球上的大部分地区，或者气候开始迅速恶化，那时会发生什么？数十亿地球居民可能会突然想搬到火星上去。如果你发挥一下想象力，就可以预见这对人类个体来说都极易变成灾难。我不想推演负面结果，更为重要的是要认识到，成为一个星际物种并不是万能解药。人类就是人类，我们在地球上制造的问题同样会出现在我们居住的其他星球上。

那么，成为一个星际物种还意味着什么？如果人类可以到其他星球上生活，那么我们就可以在整个银河系进行扩张，人类的后代可以无限期生存下去的概率将大大增加。

人类的星际旅行会成为可能吗？一方面，这看起来应该可以做到。有 4 颗恒星离我们不到 5 光年，有 11 颗恒星离我们不到 10 光年。爱因斯坦证明，加速到光速是不可能的，所以我们假设自己可以用一半光速的速度旅行，那么前往附近恒星的任务可以在一二十年内完成。另一方面，我们尚且不知如何接近这个速度。凭借人类如今拥有的技术，需要数万年才能到达离我们最近的类地行星。人类不可能进行那么长时间的太空旅行。

有许多物理学家正在思考如何巧妙地克服星际旅行的问题。也许他们将会发现接近光速的旅行方式，甚至比光速更快。许多在 200 年前似乎是绝不可能的事，现在已经成为平常之事。想象一下，你在 1820 年的一次科学家会议上发言称："在未来，任何人都可以在几小时内舒适地从一个大洲到另一个大洲旅行。人们只需看看'手'和与'手'对话，就能与世界上任何地方的其他人进行'面对面'的交谈。"那些以前被认为是异想天开的事，如今已经成为生活日常。未来定会让我们惊讶不已，人类到那时肯定会取得今天无法想象的科技进展，其中之一可能是实用的太空旅行技术。但 50 年内，人类的星际旅行不会成为现实。即便星际旅行永远无法实现，我也不会感到惊讶。

我仍然主张人类成为一个星际物种。这将是人类的一次鼓舞人心的探险，而且它可能会降低人类近期灭绝的风险。但进化遗留下来的问题所带来的固有风险和限制仍然存在。即使我们设法在火星上成功建立了居住地，可能也不得不接受人类将永远无法走出太阳系的事实。

然而还有其他选择。这些选择需要我们客观地审视自己，并弄清楚我们试图保护的是人类的什么？我会先讨论这个问题，然后再讨论保障未来的另外两个选择。

选择我们的未来

从 18 世纪末的启蒙运动开始，我们已经积累了越来越多的证据，证明并没有一只看不见的手在指引宇宙的发展。从简单生命的出现，到复杂的有机生物体，再到智能体，既无预先安排，也非不可避免。同样，地球上生命的未来和智能的未来也不是预先设定的。看来，宇宙中唯一关心人类未来如何展开的只有人类自己。唯一可设想的未来也是由我们所设想的。

你或许会反对这种观点，认为还有许多其他物种生活在地球上，有些也拥有智能。我们已经伤害了其中的许多物种，并导致一些物种灭绝。难道我们不应该考虑其他物种的“所思所想”吗？是的，但问题并非如此简单。

地球是动态的。构成其表面的构造板块不断移动，造就了新的山脉、大陆和海洋，同时将现有的地貌陷入地球中心。生命同样是动态的。物种是不断进化的。从基因的角度讲，我们与生活在10万年前的祖先已有所不同。变化速度虽缓，但不会停止。人类无法阻止地球最基本的地质特征变化，亦无法阻止物种的进化和灭绝。

我最喜欢的活动之一是野外徒步旅行。我认为自己是一位环保主义者，每位环保主义者都乐于看到一些生物灭绝，比如脊髓灰质炎病毒（poliovirus，会导致小儿麻痹症），同时又不遗余力地拯救一种濒临灭绝的野花。从宇宙的角度看，这种区分方法非常随意，因为无论是脊髓灰质炎病毒还是野花，它们本身并不比另一方更好或更坏。人类会根据什么对自身最有益，来选择要保护的东西。

环保主义与保护自然无关，与人类选择有关。通常情况下，环保主义者做出的选择对未来的人类有利。我们试图让自己喜欢的东西改变的速度变慢，如自然区，以增加我们的后代也能享受这些东西的机会。还有一些人选择把自然区变成采矿区，从而在短期内受益，这更像是旧脑做出的选择。宇宙并不关心我们的选择。帮助未来的人类，还是让现在的人类受益，这是我们自己的选择。

什么都不做是不行的。作为智能生物，我们必须做出选择，我们的选择将以某种方式引导未来的发展。我们是大自然的一部分，因此必须做出影响未来发展的选择。在我看来，我们需要做一个意义重大的选择，这个选择就是我们更偏爱旧脑还是更偏爱新脑。更具体地说，我们是希望人类的未来由自然选择、竞争和自私基因来决定，还是由智能和它想要理解这个世界的愿望来决定？在以创造和传播知识为主要驱动力的未来和以复制和传播基因为主要驱动力的未来之间，我们有机会做出选择。

为了行使选择权，我们需要具备通过操纵基因来改变进化进程的能力，以及创造非生物形式智能的能力。我们已经具备了前一种能力，而后一种能力也即将实现。这些能力的使用引发了伦理方面的争论。我们应该操纵其他物种的基因来改善我们的食物供应吗？我们是否应该操纵自己的基因来改善后代的基因？我们是否应该创造比人类更聪明、更有能力的智能机器？

也许你对这些问题持有不同的看法。你可能认为这些事情是好事，或者认为它们是不道德的。无论怎样，我认为讨论人类的选择本身没有任何坏处。无论如何选择，仔细审视这些选择将帮助我们做出明智的决定。

成为星际物种是防止人类灭绝的一种尝试，但这仍然是一个由基因决定的未来。我们可以做出什么样的选择，从而有利于知识的传播而不只是基因的传播？

方法 2：修改自身基因

我们最近研发了精确修改 DNA 分子的技术。很快，人类将能够创建新的基因组，并以创建和编辑文本文件的精确度和便利性，来修改现有的基因组。基因编辑的好处可能是巨大的，例如，可以消除给数百万人带来痛苦的遗传性疾病。然而，同样的技术也可用于设计全新的生命形式，或修改我们后代的 DNA，例如，让他们成为更好的运动员或更具吸引力。这种基因编辑究竟是好是坏，是可行还是应在道德上受到谴责，取决于具体情况。通过修改 DNA 从而使我们看起来更具吸引力，似乎没有多大必要，但如果基因编辑使我们的整个物种不至于灭绝，那么它就成了一种重要且必要的手段。

例如，假设在火星上建立一个居住地是保障人类长期生存的一个很好的计划，很多人都报名加入，但后来我们发现，由于火星的低重力，人类无法在火星上长期生活。我们已经知道，在国际空间站的零重力环境中待上数月会导致健康问题。也许在火星的低重力环境下生活 10 年后，我们的身体会开始衰竭并死亡。那么，在火星上永久居住似乎就不可能了。然而，假设我们可以通过编辑人类基因组来解决这个问题，那些修改了 DNA 的人可以在火星上无限期地生活。我们是否应该允许人类编辑自己的基因及其后代的基因，从而在火星上生活呢？任何愿意去火星的人都已经接受了危及生命的风险，而且生活在火星上的人的基因无论如何都会慢慢改变。那么，为什么人们不能做出这种选择呢？如果你认为这种形式的基因编辑应该禁止，那么如果地球变得不再适合居住，而你唯一可以生存的方式就是搬到火星上居住，你会改变主意吗？

再考虑一种假设。有些鱼可以在冰中存活。如果通过修改 DNA，人类也能以类似的方式被冷冻起来，然后在未来的某个时候解冻，那会怎样呢？我可以想象，会有许多人想把自己的身体冷冻起来，以便在 100 年后再被唤醒。在未来度过生命的最后 10 年或 20 年，想想都令人激动。我们会允许这样做吗？如果通过这种改造，人类能够到其他星球旅行呢？即便这样的太空旅行需要数千年，我们的太空旅行者也可以在出发时被冷冻起来，当他们到达目的地时再被解冻。这样的旅行或许不乏志愿者。修改 DNA 可以使这样的太空旅行成为可能，那么我们是否有理由禁止这种做法呢？

我可以接着想象出更多场景。在这些场景中，我们可能认为对 DNA 进行大幅修改更符合人类个体的最佳利益。没有绝对的对与错，只有符合利益的抉择需要做。如果有人说，原则上不应该允许对 DNA 进行修改，那么，不管他们是否意识到，他们已经选择了一个符合现有基因最佳利益的未来，或者正如经常发生的情况那样，选择了一个基于病毒式错误信念的未来。他们采取了这样的立场，就扼杀了可能对人类的长期生存和对于知识的长期保存最有利的选择。

我并非主张在没有监督或审议的情况下编辑人类基因组。我所描述的一切都不涉及强迫。任何人都不应该被强迫做这些事情。我只是指出，基因编辑是可行的，因此我们有这个选项。就我个人而言，我不理解为什么无指导的进化之路比我们自己选择的道路更可取。我们应该感谢进化过程让人类能发展到现在。但既然我们已经走到了现在，就可以选择凭借智慧来掌控人类的未来。我们这么做，将更有利于人类这个物种的生存和知识的保存。

通过修改 DNA 而设计的未来仍然是一个生物未来，这限制了事情的更多可能性，例如，目前还不清楚通过 DNA 修改可以完成多少事情。通过编辑基因组，未来的人类是否能够在星际旅行？未来的人类在遥远的行星前站哨是否能做到不互相残杀？没有人知道这些问题的答案。如今，我们还没有掌握足够多关于 DNA 的知识，去预测哪些是可行的，哪些是不可行的。如果我们发现自己想要做的一些事情在原则上是不可行的，那也不足为奇。

现在我来谈谈我们最后的选择。这也许是保存知识和使智能生物得以存活的最可靠的方法，但也可能是最困难的方法。

方法 3：离开达尔文轨道

将人类的智能从旧脑和生物学的掌控中解放出来的终极方法是，创造出像人类一样拥有智能但并不依赖人类的智能机器。它们将成为可以飞出太阳系并比人类生存得更久的智能体。这些机器将分享人类的知识，而非复制人类的基因。如果人类在文化上倒退了，就像一个新的黑暗时代来临，或者如果人类灭绝了，人类的智能机器后代将在没有人类的情况下，继续生存繁衍。

我不知道该不该使用“机器”这个词，因为它很容易让人联想到摆在桌子上的计算机、人形机器人，或者某个科幻故事中的邪恶角色。正如前文所描述的那样，我们无法预测智能机器在未来会是什么样子，就像早期的计算机设计师无法想象未来的计算机会是什么样子一样。20 世纪 40 年代，没有人能想象计算机能比米粒还小，小到可以嵌入几乎所有东西中。那时的人也无法想象强大的云计算机，支持在任意位置访问，但它本身并不位于任何具体的地方。

同样，我们也无法想象未来的智能机器会是什么样子，或者它们将由什么组成，所以我们不要尝试想象，因为它可能会限制我们对更多可能性的思考。换个角度，我们来讨论一下人类可能想要创造智能机器的两个原因，从而让这些智能机器能够在没有人类参与的情况下前往广袤无垠的太空。

目标 1：保存知识

在第 15 章中，我介绍了如何将人类的知识保存在一个围绕太阳运转的储存库中，我把它叫作维基地球。我描述的储存库是静态的，它就像一个漂浮在太空中的图书馆。我们创建它的目的是保存知识，希望未来的某个智能体能发现这个知识库，并找出阅读这些内容的方法。然而，如果没有人类积极地维护它，知识库就会慢慢腐烂。维基地球不会自我复制，也不会自我修复，因此，从更长的时间跨度上看，它也只是一种暂时的方案。我们会尽量将它设计成可以持续运行很长时间的储存库，但在遥远未来的某个时刻，它终将不再可读。

人类的大脑新皮质也像一个图书馆，它包含了关于世界的知识。但与维基地球不同的是，人类的新皮质通过将其知识传递给其他人来复制它所知道的东西。例如，我正是通过这本书将我知道的一些东西传递给其他人，比如正在阅读的你。这确保了知识的传递。这样一来，即便失去其中任何一个个体，也不会导致知识的永久丢失。保存知识最可靠的方法是不断地进行复制传递。

因此，创造智能机器的一个目标是，复制人类已经在做的事情：通过制作和传递副本来保存知识。我们希望利用智能机器来达到这个目的，因为它们可以在我们离开地球后继续保存知识，而且可以将知识传播到我们无法到达的地方，如其他星球。与人类不同，智能机器可以慢慢地游历整个银河系，甚至其他星系。它们有望与宇宙中其他地方的智能生物分享知识。想象一下，如果我们发现了一个饱含知识和银河系历史的宝库，而这个宝库已经旅行到了太阳系，那将多么令人激动啊！

在第 15 章介绍遗产规划的内容时，我描述了维基地球的想法和发射一个持久的信号，告诉其他智能生物人类这个智能物种曾经存在于太阳系。这两个系统结合在一起，有可能将其他智能生物引向太阳系，然后让他们发现我们的知识库。我在本章中提出的是一种实现类似结果的不同方式。与其把外星智能体引向我们太阳系的知识库，不如把我们的知识和历史的副本发送到宇宙。无论采用哪种方式，外星智能体都必须在太空中进行长途旅行。

一切都会被折损。当智能机器在太空中旅行，有的会损坏、丢失，有的会被无意摧毁。因此，我们的智能机器后代必须能够自我修复，并在需要时复制自己。我意识到，这会吓到那些担心智能机器将统治世界的人。正如我之前解释的那样，我认为我们不必担心这个问题，因为大多数智能机器无法制造自己的副本。但为了实现保存人类知识的目标，智能机器必须能够自我复制，在这种情况下，这是一个需求。然而，对于智能机器来说，复制是非常困难的，这也许是这个目标可能无法实现的主要原因。想象一下，少数智能机器在太空中旅行。数千年后，它们到达了一个新的太阳系，发现那里的星球大部分都是贫瘠的，其中一个星球上有原始的单细胞生命。这就是几十亿年前来到太阳系的访客会发现的情况。现在假设，这些智能机器决定它们需要替换两名成员，并创造一些新的智能机器，前往另一颗恒星。它们怎么做到这一点呢？例如，如果这些智能机器是用硅芯片制造的，就像我们用在计算机中的那种，那么它们是否需要建立硅芯片制造厂和所有必要的供应链？这大概率不可行。也许我们将学会如何创造能够使用普通元素进行复制的智能机器，类似于地球上的碳基生命。

我不知道如何克服星际旅行会带来的许多实际问题。但我仍相信，我们不应该关注未来智能机器的实体表现形式。也许有办法利用我们尚未发明的材料和建造方法来建造智能机器。当下更重要的事情是讨论目标和概念，以帮助我们确定这是不是我们可以做的事情。如果我们确定派智能机器去探索银河系和传播知识是我们的目标，那么就有可能想出克服这些障碍的方法。

目标 2：获取新知识

如果我们创造出能够在恒星之间穿梭旅行，并能进行自我维护的智能机器，它们就会发现新的东西。毫无疑问，它们将发现新的行星和恒星，并得出我们无法想象的其他发现。也许他们能解开宇宙的奥秘，比如它的起源或归宿。这就是探索的本质：你不知道你会学到什么，但你一定会学到某些东西。如果我们派人类去探索银河系，我们希望他们能有所发现。在许多方面，智能机器比人类发现新事物的能力更强。它们的大脑将拥有更多的记忆，工作速度更快，并拥有新型传感器。它们将是比人类更好的科学家。如果智能机器要穿越银河系，那么它们对宇宙的了解将不断增加。

有目标和方向的未来

长久以来，人类一直梦想着进行星际旅行。为什么？

第一个原因是，为了扩展和保存人类的基因。这种做法建立在这样一个理念的基础上：一个物种的使命是不断探索新的土地，在任何可能的地方建立新的居住地。我们曾多次这样做，翻山越岭，漂洋过海，建立新的社会。这符合基因的利益，因此我们被安排去探索。好奇心是旧脑的功能之一。即使明知不探索会更安全，人类仍很难抗拒探索。如果人类能够前往其他行星旅行，也只是对我们一直以来所做的事情的延伸，将我们的基因传播到尽可能多的地方。

第二个原因，也就是我在本章提出的原因，是为了扩展和保存人类的知识。这一思路是基于这样的假设：人类这个物种之所以如此重要，是因为智能而不是特定的基因。因此，我们应该到其他行星上学习更多知识，从而能够在未来为扩展和保存人类的知识提供保障。

但这是一个更好的选择吗？继续之前的做法又有什么错？我们可以放下所有与保护知识或创造智能机器有关的设想。到目前为止，我们在地球上的生活还不错，不是吗？即使人类不能去其他星球旅行，那又如何？为什么不继续我们的旅程，在旅程结束之前尽情享受呢？

这是一个合理的选择，而且到最后，这可能是人类唯一的选择。但我想特别说明的是，知识比基因更重要。两者之间有一个根本的区别，在我看来，这个区别使得保护和传播知识比保护和传播基因更值得追求。

基因只是会自我复制的分子。随着基因的进化，它们并没有朝着任何特定的方向发展。一个基因在本质上也不会比另一个基因更好，就像一个分子在本质上不会比任何其他分子更好一样。有些基因可能更擅长复制，然而随着环境的变化，哪些基因更擅长复制也会发生变化。重要的是，这些变化没有整体方向，基于基因的生命没有方向或目标。生命可能以病毒、单细胞细菌或一棵树的形式出现。但除了复制能力之外，似乎没有任何理由表明，一种生命形式比另一种更好。

知识就不同了。知识既有方向，也有最终目标，例如，与重力有关的知识。在不太遥远的过去，没有人知道为什么东西会往下掉而不是往上飞。牛顿成功地提出了万有引力定律。他提出，这是一种普遍存在的力，还证明了重力行为遵循一套可以用数学表达的简单规律。在牛顿之后，我们再也回不到没有万有引力定律的时代了。

爱因斯坦对万有引力的解释比牛顿的解释更好，我们永远回不到只有牛顿提出这一定律的时代了。这并不是说牛顿错了。他的方程仍然准确地描述了我们每天都在感受的重力。爱因斯坦的理论结合了牛顿的理论，更好地描述了非常见条件下的重力。知识是有方向的。关于重力的知识可以从没有知识，到牛顿的知识，再到爱因斯坦的知识，但它不能向相反方向发展。

除了方向之外，知识还有一个最终目标。最早的人类探险家并不知道地球有多大。无论他们走了多远，总是会有更多的地方未被探索。地球是无限的吗？它的尽头是否有一个边缘，再走下去就会掉下去？没人知道。但有一个最终目标：地球有多大？这个问题是有答案的。我们最终用一个令人惊讶的答案实现了这个目标：地球是一个球体。现在我们都知道地球有多大了。

如今，我们也面临着类似的谜题。宇宙有多大？它是否永远存在？它有边界吗？它是否像地球一样自转？是否有许多其他宇宙？还有很多事情我们不明白：什么是时间？生命是如何起源的？智能生物是普遍存在的吗？我们的目标是回答这些问题，而历史表明，我们可以实现这个目标。

一个由基因驱动的未来几乎没有方向，只有短期目标：保持健康，繁衍后代，享受生活。一个为知识的最佳利益而设计的未来既有方向又有最终目标。

好消息是，我们不一定要顾此失彼，完全可以两者兼顾。我们可以继续生活在地球上，尽最大努力保持地球的宜居性，并努力保护自己不受自身最糟糕行为的影响。与此同时，我们可以投入资源，确保在未来人类已经不在这里的时候，知识能得以保存，智能能得以延续。

我写这本书的第三部分，是为了说明知识高于基因。我希望读者客观地看待人类。我向读者展示了人类是如何做出错误决策的，以及为什么人类的大脑容易受到错误信念的影响。我希望读者能了解知识和智能比基因和生物学更珍贵，因此，它们值得被保存在我们的生物大脑之外。我希望读者考虑人类是否有可能产生以智能和知识为基础的后代，并且考虑这些后代是否可能具有与基于基因的后代同样的价值。

我想再次强调，我不是在规定人类应该做什么。我的目标是鼓励讨论，指出一些我们认为在伦理上具有确定性，实际上能成为选择的东西，并把一些之前没有得到重视的想法带回讨论中来。

现在，我想回到现实中来。

后 记

人类最重要的科学探索

让我感到高兴的是，我的愿景从未停歇。我想象着浩瀚的宇宙中存在数千亿个星系，每个星系包含数千亿颗恒星，在每颗恒星周围有种类繁多的行星。我想象数万亿个大小不一的物体在浩瀚的宇宙中缓慢地相互环绕运行，持续数十亿年。令我感到惊讶的是，现在，宇宙中唯一知道这些的物体，唯一知道宇宙存在的物体，是我们的大脑。如果不是因为大脑，没有人会知道任何东西的存在。这印证了我在本书开头提到的问题。如果没有关于某个事物的知识，我们能说这个事物就一定存在吗？我们的大脑扮演着这样一个独特的角色，这很令人着迷。当然，宇宙中的其他地方可能也存在智能生物，这使我们更有兴趣去思考。

思考宇宙和智能的独特性是我想研究大脑的原因之一。除此之外，还有很多其他原因。例如，了解大脑的工作原理对医学和心理健康的发展有着积极的影响。破解大脑的奥秘将带来真正的机器智能，这就像计算机一样，将使社会的各个方面受益。机器智能也将提供更好的方法来教育我们的孩子。但最终，它又回到了人类独特的智能。人类是最聪明的物种。如果想了解我们是谁，就必须了解大脑是如何创造智能的。在我看来，对大脑进行逆向工程和了解智能是人类将要进行的最重要的科学探索。

我在刚开始这项探索时，对新皮质的功能了解很有限。我和其他神经科学家有一些关于大脑学习世界模型的概念，但我们的概念都很模糊。我们不知道这样的模型是什么样子，也不知道神经元是如何创造它的。大量的实验数据将我们淹没，如果没有一个理论框架，就很难理解这些数据。

从那时起，世界各地的神经科学家已经取得了重大进展。本书重点介绍了我的团队所获得的研究发现。其中大部分发现都是令人惊讶的，比如发现新皮质包含的不是一个世界模型，而是大约 15 万个感觉 - 运动模型系统，又比如发现新皮质所做的一切都以参考系为基础。

在本书的第一部分中，我描述了有关新皮质如何工作以及如何学习世界模型的新理论。我们称之为“千脑智能理论”。希望我的阐述很清楚，且具有足够的说服力。我曾犹豫是否应该在这一部分结束这本书。要理解新皮质的框架，一本书的内容当然已经足够宏大了。然而，对大脑的理解自然会引发其他重要的问题，所以我选择了继续写下去。

在本书的第二部分中，我指出如今的人工智能并不智能。真正的智能需要机器像新皮质那样学习世界模型。我还说明了为什么机器智能并不像许多人认为的那样会是一种生存风险。机器智能将是我们能创造的最有益的技术之一。机器智能像其他技术一样，也会有一些人滥用它。比起人工智能本身，我更担心这个问题。就其本身而言，机器智能并不代表生存风险，而且我相信，其好处将远远大于坏处。

最后，在本书的第三部分中，我从智能和大脑理论的视角来观察人类的状况。正如你可能觉察到的那样，我对未来感到担忧。我非常关注人类社会的福利，甚至人类这个物种的长期生存。我的目标之一是使人们认识到，旧脑结合错误的信念会导致真正的生存风险，这种风险远大于人们预测的人工智能可能会带来的威胁。我讨论了可能减少我们面临的风险的不同方法。其中有几种方法需要我们创造智能机器。

我写的这本书分享了我和同事们对智能和大脑的认识。但除了分享这些信息之外，我希望能激励你们当中的一些人就此采取行动。如果你还年轻或正在考虑换工作，可以考虑进入神经科学和机器智能领域。没有哪个学科会比这更有趣，更有挑战性，更重要了。然而，我必须提醒你：如果你想要探索我在本书中写到的想法，将会面临非常大的困难。神经科学和机器学习都是具有巨大惯性的大领域。我敢肯定，我在本书中描述的理论将对这两个研究领域发挥核心作用，但这可能需要很多年才能实现。在此期间，你必须坚定决心、足智多谋。

我还有一个要求，它适用于每个人。我希望有一天，地球上的每个人都能了解自己的大脑是如何工作的。对我来说，这是一种期望，就像说："哦，你有一个大脑？这是你需要了解的东西。"每个人都应该知道的事情并不多。在这个清单中，我将加入这些信息：大脑是如何由新的部分和旧的部分组成的；新皮质如何学习世界的模型，而旧脑生成情绪和更原始的行为；旧脑是如何操控我们以明知不应该的方式行事的；我们所有人为何都很容易受到错误信念的影响，以及一些信念会像病毒一样蔓延。

我认为每个人都应该了解这些事情，就像每个人都知道地球围绕太阳运转、DNA 分子编码基因以及恐龙在地球上生活了数百万年但现在已经灭绝一样。这很重要。我们面临的许多问题，从战争到气候变化，都是由错误的信念，或旧脑的自私欲望，或两者共同造成的。如果每个人都能理解自己大脑中的想法，我相信我们的冲突会更少，我们对未来也会怀有更积极的憧憬。

我们每个人都可以为此不断努力。如果你是一名家长，请向你的孩子传授大脑知识，就像你拿着橘子和苹果打比方向你的孩子传授太阳系知识一样；如果你撰写童书，不妨考虑写一写关于大脑和信念的内容；如果你是一名教育工作者，请咨询一下如何将大脑理论作为核心课程的一部分。现在，许多社区将遗传学和 DNA 技术作为高中课程的标准部分来教授。我相信大脑理论同样也很重要。

> 我们是谁?
> 我们是如何到达这里的?
> 我们终将抵达何处?

几千年来，我们的祖先一直在探究这些基本问题。这是很自然的。我们一觉醒来，发现自己身处一个复杂而神秘的世界中。生活没有说明书，也没有历史或背景故事来解释这一切是怎么回事。我们尽力使自己的处境合理化，但对人类历史中的大部分，我们都是一无所知的。从几百年前开始，我们就开始回答其中的一些基本问题。现在我们了解了所有生物的化学基础，也了解了人类这个物种的整个进化过程。

而且我们知道，人类这个物种将会继续进化，并有可能在未来的某个时候灭绝。

同样，对于作为精神存在的人类，我们也可以提出类似的问题：

我们为什么有智能和自我意识？

人类是如何变得智能的？

智能和知识的终极目标是什么？

我希望我已经说服了你们，这些问题不仅可解，而且在回答这些问题的过程中，我们正在取得巨大的进展，我们应该关注智能和知识的未来，而不是仅仅关注我们这个物种的未来。我们卓越的智能是独一无二的，据我们所知，人类的大脑是宇宙中唯一知道更辽阔的宇宙存在的东西。唯独大脑知道宇宙的大小、年龄以及它的运行规律。这使得人类的智能和知识值得保存和延续。大脑给了我们希望，有一天我们可能会理解有关宇宙的一切。

我们是智人，智慧的人类。我们有足够的智慧认识到我们的特殊性，有足够的智慧做出选择，确保人类这个物种在地球上尽可能长久地生存下去，并确保人类的智能和知识在地球上和整个宇宙中会生存得更久。我对这一切都抱有希望。

推荐阅读

关注我们工作的人经常会问我，如果想要了解更多关于千脑智能理论和相关的神经科学研究，我会向他们推荐阅读什么？这通常会使我感到很难回答。坦白来讲，阅读神经科学方面的论文是很难的。在给读者提供具体的阅读建议之前，我想先给出一些一般性的建议。

神经科学是一个非常大的研究领域，即使你是一名对某个子领域相当熟悉的科学家，也可能会在阅读其他子领域的文献时遇到困难，而如果你完全不了解神经科学，你在开始阶段就会困难重重。

如果你想了解一个特定领域，比如皮质柱或网格细胞，而你又对这个领域还不太熟悉，那么我建议你从类似维基百科的材料入手。维基百科中通常会有关于某个领域的多种解释性的文章，你可以通过点击链接快速跳转。这是我所知道的用以了解术语、观点、主题等的最快捷的方式。你通常会发现不同文章中存在不一致或不同的术语表达。即使经过同行评审，学术论文中也会出现类似的歧义。通常情况下，你需要阅读多个不同来源的文章来相互验证，以便获得对某个领域的内容正确的理解。

如果想要更深入地了解一个领域，我认为你需要进一步关注的是综述性的文章。综述文章发表在经过同行评审的学术期刊上，顾名思义，这些文章会介绍某个领域的总体概况，包括学者们有分歧的领域。综述文章通常会比普通论文更容易阅读。其引文也很有价值，因为它们将与某一领域相关的大多数重要论文列在了引用列表里。寻找综述文章的一个好方法是使用类似谷歌学术的搜索引擎，并输入如“关于网格细胞的综述”等关键字。

在你了解了一个领域的术语、历史和概念之后，我再建议你阅读特定的学术论文。一篇论文的标题和摘要不足以体现它是否含有你正在找寻的信息。我通常会先阅读论文摘要，然后快速浏览论文中的关键图片。在一篇写得很好的论文中，图片本身应该讲述与文字大致相同的内容。最后，我会跳到论文结尾的讨论部分。这一部分通常是作者简要描述论文主要内容的地方。完成了这些前期步骤之后，如果需要，我才会考虑从头到尾认真读完这篇论文。

以下是按不同主题推荐阅读的参考文献。每个主题都有成百上千篇论文，所以我只能给你一些初步建议，你可以从阅读这些文献开始。

皮质柱

千脑智能理论建立在芒卡斯尔的理论之上，即认为皮质柱具有相似的结构、执行相似的功能。下面第一篇文献是芒卡斯尔关于皮质柱的早期论文，他提出了通用皮质算法。第二篇是芒卡斯尔较为近期的一篇论文，他在该论文中列出了许多支持其理论的实验结果。第三篇由丹尼尔·布克斯韦登（Daniel P. Buxhoeveden）和曼纽尔·卡萨诺瓦（Manuel F. Casanova）撰写，是一篇相对容易阅读的叙述文章。虽然这篇论文主要是关于迷你皮质柱，但也讨论了与芒卡斯尔理论相关的各种论据。第四篇由亚历克斯·汤姆森（Alex M. Thomson）和克里斯托夫·拉米（Christophe Lamy）撰写，是一篇关于皮质柱的解剖的综述文章，对细胞层和它们之间的原型连接进行了详细回顾，但这是一篇不容易理解的论文，也是我最喜欢的论文之一。

Mountcastle, Vernon. “An Organizing Principle for Cerebral Function: The Unit Model and the Distributed System.” In *The Mindful Brain*, edited by Gerald M. Edelman and Vernon B. Mountcastle, 7–50. Cambridge, MA: MIT Press, 1978.

Mountcastle, Vernon. “The Columnar Organization of the Neocortex.” *Brain* 120 (1997): 701–722.

Buxhoeveden, Daniel P., and Manuel F. Casanova. “The Minicolumn Hypothesis in Neuroscience.” *Brain* 125, no. 5 (May 2002): 935–951.

Thomson, Alex M., and Christophe Lamy. “Functional Maps of

Neocortical Local Circuitry." *Frontiers in Neuroscience* 1 (October 2007): 19–42.

皮质层次结构

下面第一篇论文由丹尼尔·费勒曼（Daniel J. Felleman）和戴维·范·埃森撰写，就是本书第一章中提到的那篇，它首次阐述了猕猴新皮质中的区域层次结构。我把它列在这里主要是因为它的历史意义。略有遗憾，这篇论文不对公众免费开放下载。第二篇论文由克劳斯·希尔格塔格（Claus C. Hilgetag）和亚历山德罗斯·顾拉斯（Alexandros Goulas）撰写，是对新皮质中层次结构问题的最新研究。他们列举了将新皮质解释为严格层次结构存在的各种问题。第三篇由默里·谢尔曼（Murray Sherman）和雷·吉利里（Ray W. Guillery）撰写，他们认为两个皮质区相互交流信息的主要方式是通过大脑中一个被称为丘脑的部分。谢尔曼和吉利里的观点通常被其他神经科学家所忽视。例如，这里列举的前两篇论文都没有提及穿过丘脑的连接。我在本书中也没有深入讨论丘脑，实际上它与新皮质紧密相连，我甚至认为它是新皮质的延伸部分。我和同事在 2019 年的“框架”论文中讨论了对丘脑通路的可能解释，我把这篇论文也列在了后面。

Felleman, Daniel J., and David C. Van Essen. "Distributed Hierarchical Processing in the Primate Cerebral Cortex." *Cerebral Cortex* 1, no. 1 (January–February 1991): 1.

Hilgetag, Claus C., and Alexandros Goulas. "'Hierarchy' in the Organization of Brain Networks." *Philosophical Transactions of the Royal*

Society B: Biological Sciences 375, no. 1796 (April 2020).

Sherman, S. Murray, and R. W. Guillery. “Distinct Functions for Direct and Transthalamic Corticocortical Connections.” *Journal of Neurophysiology* 106, no. 3 (September 2011): 1068–1077.

What 和 Where 视觉通路

在第 6 章中，我描述了基于参考系的皮质柱如何应用于新皮质中的 what 和 where 视觉通路。下面的第一篇论文是关于这个主题的最早的论文之一。第二篇论文由梅尔文·古德尔（Melvyn A. Goodale）和戴维·米尔纳（David Milner）撰写，是一个更为现代的阐述，在其中，他们认为对 What 和 Where 视觉通路更好的描述是“感知”和“行动”。这篇论文没有面向公众开放免费下载。第三篇论文由约瑟夫·劳舍克（Joseph P. Rauschecker）撰写，可能是一篇最容易阅读的论文。

Ungerleider, Leslie G., and James V. Haxby. “‘What’ and ‘Where’ in the Human Brain.” *Current Opinion in Neurobiology* 4 (1994): 157–165.

Goodale, Melvyn A., and David Milner. “Two Visual Pathways—Where Have They Taken Us and Where Will They Lead in Future?” *Cortex* 98 (January 2018): 283–292.

Rauschecker, Josef P. “Where, When, and How: Are They All Sensorimotor? Towards a Unified View of the Dorsal Pathway in Vision and Audition.” *Cortex* 98 (January 2018): 262–268.

树突脉冲

在第 4 章中，我阐述了我们的理论，即新皮质中的神经元利用树突脉冲进行预测。我在这里列出了三篇与这个主题相关的综述文章。第一篇可能是最容易阅读的。第二篇与第三篇和我们的理论直接相关。

London, Michael, and Michael Häusser. “Dendritic Computation.” *Annual Review of Neuroscience* 28, no. 1 (July 2005): 503–532.

Antic, Srdjan D., Wen-Liang Zhou, Anna R. Moore, Shaina M. Short, and Katerina D. Ikonomu. “The Decade of the Dendritic NMDA Spike.” *Journal of Neuroscience Research* 88 (November 2010): 2991–3001.

Major, Guy, Matthew E. Larkum, and Jackie Schiller. “Active Properties of Neocortical Pyramidal Neuron Dendrites.” *Annual Review of Neuroscience* 36 (July 2013): 1–24.

网格细胞和位置细胞

每根皮质柱都使用参考系学习世界模型，这是千脑智能理论的一个核心部分。我们认为新皮质使用一种机制来实现这一目标，这种机制类似于内嗅皮质和海马中的网格细胞和位置细胞所使用的机制。为了更好地了解位置细胞和网格细胞，我推荐你阅读或聆听约翰·奥基夫、爱德华·莫泽和梅－布里特·莫泽的诺贝尔讲座，以下链接是按照他们演讲时的顺序列出的。他们三人一起做了一系列各有侧重又交相呼应的讲座。

O'Keefe, John. "Spatial Cells in the Hippocampal Formation." Nobel Lecture. Filmed December 7, 2014, at Aula Medica, Karolinska Institutet, Stockholm. Video, 45:17.

Moser, Edvard I. "Grid Cells and the Enthorinal Map of Space." Nobel Lecture. Filmed December 7, 2014, at Aula Medica, Karolinska Institutet, Stockholm. Video, 49:23. www.nobelprize.org/prizes/medicine/2014/edvard-moser/lecture/.

Moser, May-Britt. "Grid Cells, Place Cells and Memory." Nobel Lecture. Filmed December 7, 2014, at Aula Medica, Karolinska Institutet, Stockholm. Video, 49:48.

新皮质中的网格细胞

我们最近才初步发现新皮质中网格细胞机制的证据。在第 6 章中，我描述了两个功能磁共振成像实验，显示了人类大脑在执行认知功能时网格细胞存在的证据。下面列出的前两篇论文描述了这些实验，第三篇论文描述了人类在接受开颅手术时的类似结果。

Doeller, Christian F., Caswell Barry, and Neil Burgess. "Evidence for Grid Cells in a Human Memory Network." *Nature* 463, no. 7281 (February 2010): 657–661.

Constantinescu, Alexandra O., Jill X. O'Reilly, and Timothy E. J. Behrens. "Organizing Conceptual Knowledge in Humans with a Gridlike Code." *Science* 352, no. 6292 (June 2016): 1464–1468.

Jacobs, Joshua, Christoph T. Weidemann, Jonathan F. Miller,

Alec Solway, John F. Burke, Xue-Xin Wei, Nanthia Suthana, Michael R. Sperling, Ashwini D. Sharan, Itzhak Fried, and Michael J. Kahana. “Direct Recordings of Grid-Like Neuronal Activity in Human Spatial Navigation.” *Nature Neuroscience* 16, no. 9 (September 2013): 1188–1190.

Numenta 关于千脑智能理论的一系列论文

这本书对“千脑智能理论”进行了高屋建瓴的描述，但并没有涉及很多细节。如果你有兴趣了解更多，你可以阅读我的实验室团队发表的那些经过同行评审的论文。这些论文包含了对特定部分的详细描述，通常包括模拟过程和源代码。我们所有的论文都是免费开放下载的。以下所列的是最相关的一些论文，我对每篇论文也都做了简要说明。

下面这篇是最新的论文，也是最容易阅读的。如果你想更深入地了解完整的理论及某些术语的含义，这篇论文是一个很好的入门选择。

Hawkins, Jeff, Marcus Lewis, Mirko Klukas, Scott Purdy, and Subutai Ahmad. “A Framework for Intelligence and Cortical Function Based on Grid Cells in the Neocortex.” *Frontiers in Neural Circuits* 12 (January 2019): 121.

下面这篇论文介绍了我们的观点，即大多数树突脉冲起到预测作用，锥体神经元上 90% 的突触是专门用来识别预测的内容的。该论文还阐述了组成迷你皮质柱的神经元层是如何创造出预测性序列记忆的。这篇论文解释了其他理论无法解释的有关生物神经元的方方面面。这是一篇内容翔实的论文，其中包括模拟过程、算法的数学描述以及含有源代码实现的链接。

Hawkins, Jeff, and Subutai Ahmad. “Why Neurons Have Thousands of Synapses, a Theory of Sequence Memory in Neocortex.” *Frontiers in Neural Circuits* 10, no. 23 (March 2016): 1–13.

在下面这篇论文中，我们首次提出每根皮质柱都能学习整个物体模型的想法。这篇论文还介绍了皮质柱投票的概念。这篇论文中介绍的机制是我们在 2016 年发表的那篇论文中介绍的预测机制的扩展。我们还推测，网格细胞表征可能构成了位置信号的基础，尽管我们还没有开展任何细节研究。这篇论文包括模拟过程、定量计算和算法的数学描述。

Hawkins, Jeff, Subutai Ahmad, and Yuwei Cui. “A Theory of How Columns in the Neocortex Enable Learning the Structure of the World.” *Frontiers in Neural Circuits* 11 (October 2017): 81.

下面这篇论文是我们 2017 年发表的论文的扩展，我们详细研究了网格细胞如何形成位置的表征。该论文阐释了这种位置感知如何预测即将到来的感觉输入。论文提出了模型与新皮质 6 层中的 3 层之间的映射关系。这篇论文包括模拟过程、定量计算和算法的数学描述。

Lewis, Marcus, Scott Purdy, Subutai Ahmad, and Jeff Hawkins. “Locations in the Neocortex: A Theory of Sensorimotor Object Recognition Using Cortical Grid Cells.” *Frontiers in Neural Circuits* 13 (April 2019): 22.

致谢

虽然我的名字作为本书的作者出现，但这本书和千脑智能理论是由许多人共同合作完成的。我想告诉你，这些人是谁以及他们所扮演的角色。

千脑智能理论

自成立以来，先后有100多名正式员工、博士后、实习生和访问科学家在 Numenta 工作。每个人都以这样或那样的方式为我们的研究和论文做出了贡献。如果你也是其中的一员，我向你致以诚挚的谢意。

有几个人我要特别感谢。萨布泰·艾哈迈德博士是我长达 15 年的合作伙伴。除了管理研究团队，他还为千脑智能理论的提出做出了重要贡献。他创建了模拟，并推导出了为我们工作奠基的大部分数学基础。如果没有萨布泰，在 Numenta 取得的进展就不会发生。马库斯·路易斯（Marcus Lewis）也对千脑理论的提出做出了重要贡献。马库斯经常会承担一些困难的科学任务，并提出令人惊讶的想法和深刻的见解。路易斯·申克曼（Luiz Scheinkman）是一个极具才华的软件工程师，他是我们做的所有工作的关键贡献者。斯科特·珀迪（Scott Purdy）和崔彧玮（Yuwei Cui）博士也对该理论和模拟的提出做出了重要贡献。

我和特里·弗莱（Teri Fry）曾一起在 Numenta 和红木神经科学研究所共事。特里兢兢业业地管理着我们的办公室，维持着一个科学企业运行所需的一切。马特·泰勒（Matt Taylor）管理我们的在线社区，是开放科学和科学教育的倡导者。他大大地推进了我们的研究进展。例如，他推动我们将内部研究会议进行现场直播，据我所知，这在历史上还是第一次。科学研究应该免费对公众开放。我要感谢 SciHub.org，这个网站为那些负担不起费用的人提供了获取已发表的研究论文的机会。

唐娜·杜宾斯基（Donna Dubinsky）既不是科学家也不是工程师，但她的贡献无可比拟。我们一起共事了近 30 年。唐娜曾是 Palm 的 CEO、Handspring 的 CEO、红木神经科学研究所的主席，现在是 Numenta 的 CEO。我和唐娜第一次见面时，就试图说服她担任 Palm 的 CEO。在她下定决心之前，我告诉她，我的终极目标是大脑理论，而 Palm 正是实现这一目标的手段。因此，几年后，我将会寻找时机离开 Palm。其他人可能在那一刻也会离开，或者坚持要我无限期地留在 Palm，但唐娜把我的使命作为她的使命的一部分。在她管理 Palm 期间，她经常告诉员工，公司需要取得成功，这样我就能坚持我对大脑理论的热情，继续研究大脑。

可以毫不夸张地说，如果不是唐娜在我们见面的第一天就接受了我在神经科学领域的使命，我们在移动计算领域以及在 Numenta 取得的所有科学进步，都不会发生。

关于本书

写这本书历时 18 个月。我每天清晨 7 点走进办公室，一直写到上午 10 点。虽然写作本身是一项孤独的工作，但我一直有一个伙伴和私人教师，即我们的营销副总裁克里斯蒂・马弗（Christy Maver）。虽然她之前没有写书的经验，但她学习了有关写书的方方面面，成为我撰写这本书的过程中不可或缺的人。她练就了一种技能，能指出我在哪些地方需要少说，哪些地方需要多说。她帮助我组织写作过程，并带领我们的员工对这本书进行审校。虽然这本书是我写的，但她但她始终支持着我。埃里克・亨尼（Eric Henney）是我在 Basic Books 的编辑，伊丽莎白・达娜（Elizabeth Dana）是文字编辑，他们为这本书提出了许多建议，使这本书逻辑更加清晰，内容更具有可读性。詹姆斯・莱文（James Levine）是我的文学经纪人，我极力向你推荐他。

我还要感谢理查德・道金斯博士，感谢他无比慷慨地为我这本书写了推荐序。他在基因和记忆体方面的见解对我的世界观产生了深远的影响，对此我心怀感激。如果我能挑选一个人写推荐序，那一定是他。我也很荣幸他给我写了一篇推荐序。

我的妻子珍妮特・施特劳斯（Janet Strauss）是我撰写这本书过程

中的忠实读者。根据她的建议，我做了一些结构上的调整。但更重要的是，她是我人生旅程中的完美伴侣。爱女凯特和安妮就是我们爱情的结晶，她们使我们在这个世界上的短暂一生变得无比愉悦和美好。

译者后记

我初识杰夫·霍金斯，是在 2021 年的智源大会期间。智源社区邀请他作为大会的主旨演讲嘉宾。在与霍金斯的视频和邮件沟通中，我发现他为事、为学、为人皆散发出温润谦和、虚怀若谷的人格气质，也体现了严整、缜密、追本溯源的科学精神。他以智慧和执着研究学问，以温和、开放对待友朋。

随后不久，湛庐一行访问智源，提出霍金斯两本书《千脑智能》及《新机器智能》的翻译合作构想。承蒙我的同事智源社区负责人卢凯引荐，我有幸总体统筹这两本书的翻译工作。随后在我组建的“青源研究组”——人工智能全球青年科学家社群中招募了熊宇轩、向颖飞、陆玉晨三位译者，并组建了这两本书的翻译小组，后又有智源生命模拟中心的负责人马雷加入。马雷老师、宇轩、颖飞、玉晨都是人工智能领域的专业研究人员，我则从翻译的整体要求、语言专业角度给予建议，书中涉及不少生物学与神经计算科学的术语与学科背景知识，幸而团队中的译者专业领域可以互补。每位译者分工协作，既独立负责书稿的一部分翻译工作，也负责对彼此的译文进行初审，最后由我终审。工作繁忙，我利用晚上时间与周末完成翻译工作。我主要负责《千脑智能》的序言及第一部分的翻译工作，其中，第 6 ～ 7 章的翻译工作得到了向颖飞的大力帮助，熊宇轩负责第二部分，马雷负责第三部分。《新机器智能》则是我与陆玉晨二人合译。

这两本书的观点相辅相成。《新机器智能》主要探讨了大脑学习世界的一个模型，并通过这个模型来预测未来，书中称之为“记忆 - 预测模型”，它提出了《千脑智能》所解决的问题。《千脑智能》则揭示了大脑如何学习预测模型的细节，进一步阐释了“大脑中的新皮质学习一个世界模型，并基于该模型进行预测”。在翻译《千脑智能》中朱利安・赫胥黎的诗歌时，我感触颇深。一是我要兼顾原文诗歌形式的艺术性和内容的科学性，二是其内容精彩纷呈，我每每读之，都仿佛进入一个神秘又梦幻的奇妙世界。这首小诗的译文几易其稿，我真正体会到了译者“一名之立、旬月踟蹰”的心境。在这里，我十分感谢我当时的同事贾伟从物理宇宙学的角度给我提供了许多宝贵的建议。那段时间，我们每天中午一起吃饭时讨论的都是诸如“昨晚我大脑皮质的神经元特别活跃，又做了很奇妙的梦”“我们所感知的现实不过是一个构建的现实模型”之类的话题，让我在边译边学的过程中不断拓展自己的认知与情感边界，做到“得意忘形”——不拘泥于原文形式，更好地再现原文作者表达的意蕴，才译出了最终呈现在读者面前的这一稿。

北京智源人工智能研究院黄铁军院长提出“脑科学是自然科学的终极疆域”，研究脑科学，就是研究人类自己，以大脑本身去研究大脑。《千脑智能》译稿的交付时间恰逢中秋节假期，犹记得那日我在清华科技园的一个咖啡馆里泡了一整天，静心统稿。完稿后已是傍晚，我走出咖啡馆，看见成府路口来往的人群和车辆，不禁想：追根究底人这一生怎样才能称之为有意义？大抵就是为社会、为人类做出一点微小的贡献，探索多一寸的世界，创造一些心意，在这个世界留下自己的痕迹。这背后的坚持，需要放弃诸多舒适与安逸，但钻石哪怕只闪耀一秒钟也不能放弃闪耀。人类的历史很长，而人的一生很短。霍金斯投入大量心血研究脑科学智能，相信这会成为世界智慧的一部分。

——廖璐

现代人工智能技术无疑是人类的伟大创造，是神经科学、数学、计算机科学、自动控制等学科百家争鸣、通力合作的结晶。从符号逻辑、规划求解、机器学习，再到 21 世纪 10 年代大行其道的深度学习技术，人们在探索通向智能之门的道路上经历了数次更迭，留下了一个个光辉灿烂的名字和不朽著作。其中，借鉴人脑的解剖结构和工作机制研发新型智能机器是一条前景光明又引人入胜的道路。

2021 年春夏之交，承蒙北京智源人工智能研究院的信任，我有幸参与到杰夫・霍金斯《千脑智能》一书的翻译工作中。激动之余，我深感责任重大！霍金斯是颇具传奇色彩的神经科学家与计算机科学家，他设计了著名的 PalmPilot 掌上电脑和 Treo 智能手机，极大地推动了移动互联网时代的到来，其研究既体现了神经科学的精妙与浪漫，也体现了计算机科学的实用与严谨。在本书中，霍金斯以其提出的“千脑智能理论”为出发点，阐述了对下一代人工智能技术的发展具有启发意义的诸多观点。该理论与时下火热的多模态学习、知识工程、类脑计算等领域的研究有着千丝万缕的联系，其思考之精妙、眼光之超前令人拍案叫绝。霍金斯对自然现象的细致观察、对科学原理的大胆猜想以及精巧的思想实验值得我们广大青年研究者学习借鉴。愿科学与智慧之花盛开!

在此书的翻译过程中，我得到了智源人工智能研究院廖璐老师、马雷老师以及百度向颖飞老师的大力支持和帮助，他们的专业素养和敬业态度让我受益匪浅。希望以后还有机会和大家在新的作品中见面。

——熊宇轩

杰夫·霍金斯是有着宇宙情怀和强烈的好奇心，真正推动智能时代发展的人物!

霍金斯早前的著作《新机器智能》曾使人工智能概念广为传播，影响巨大。作为一名研究人脑与智能关系的研究人员，我一直关注他的研究和他的公司。2021 年 3 月，我偶然得知他的新书《千脑智能》出版，第一时间便想去找这本书的英文版来读，也问了身边朋友能否申请中文版权，后来被告知已有出版社联系。智源工作会议上，我和社区负责人卢凯闲聊此事，颇感遗憾。机缘巧合，2021 年的智源大会邀请了霍金斯来做演讲，后得知此书的翻译工作兜兜转转由智源团队申请到了。彼时翻译小组已经开展了很好的工作，我毛遂自荐向负责此事的智源同事廖璐申请参与部分工作。承蒙不弃，我后来主要承担了此书第三部分的翻译工作。

工作之余，我边译边学，更借机系统学习了霍金斯在本书最后推荐的学术文章，收获巨大。霍金斯很好地照顾了他的读者，英文原版无太多生僻或专业词语，读起来畅快淋漓，让我不忍合页躺倒睡觉。每每读到金句妙言，我心中便荡漾喜悦，各种想法翻腾不已。翻读这本书，我对“新脑 vs. 旧脑”“大脑中的民主共识”“知识和智能的最终目的”等问题有了全新的认识。衷心感谢霍金斯。这里打趣一下，本书中霍金斯提到了“维基地球”计划。我想维基地球应该上传此书。这是人工智能与脑科学方向的科普好书，也是人类文明迄今介绍自我认知、认知宇宙的一本好书。本书的翻译工作量不小，非常幸运廖璐组织了得力队伍。中文版其他部分由宇轩、廖璐等人翻译，最后由廖璐统筹。大家通力合作，相互支持。廖璐协调各种事宜，细心校对。如今此书得以出版，祝贺！

——马雷

未来，属于终身学习者

我这辈子遇到的聪明人（来自各行各业的聪明人）没有不每天阅读的——没有，一个都没有。巴菲特读书之多，我读书之多，可能会让你感到吃惊。孩子们都笑话我。他们觉得我是一本长了两条腿的书。

———查理·芒格

互联网改变了信息连接的方式；指数型技术在迅速颠覆着现有的商业世界；人工智能已经开始抢占人类的工作岗位……

未来，到底需要什么样的人才？

改变命运唯一的策略是你要变成终身学习者。未来世界将不再需要单一的技能型人才，而是需要具备完善的知识结构、极强逻辑思考力和高感知力的复合型人才。优秀的人往往通过阅读建立足够强大的抽象思维能力，获得异于众人的思考和整合能力。未来，将属于终身学习者！而阅读必定和终身学习形影不离。

很多人读书，追求的是干货，寻求的是立刻行之有效的解决方案。其实这是一种留在舒适区的阅读方法。在这个充满不确定性的年代，答案不会简单地出现在书里，因为生活根本就没有标准确切的答案，你也不能期望过去的经验能解决未来的问题。

而真正的阅读，应该在书中与智者同行思考，借他们的视角看到世界的多元性，提出比答案更重要的好问题，在不确定的时代中领先起跑。

湛庐阅读 App：与最聪明的人共同进化

有人常常把成本支出的焦点放在书价上，把读完一本书当作阅读的终结。其实不然。

时间是读者付出的最大阅读成本

怎么读是读者面临的最大阅读障碍

“读书破万卷”不仅仅在“万”，更重要的是在“破”！

现在，我们构建了全新的“湛庐阅读”App。它将成为你“破万卷”的新居所。在这里：

- 不用考虑读什么，你可以便捷找到纸书、电子书、有声书和各种声音产品；
- 你可以学会怎么读，你将发现集泛读、通读、精读于一体的阅读解决方案；
- 你会与作者、译者、专家、推荐人和阅读教练相遇，他们是优质思想的发源地；
- 你会与优秀的读者和终身学习者为伍，他们对阅读和学习有着持久的热情和源源不绝的内驱力。

下载湛庐阅读 App，
坚持亲自阅读，
有声书、电子书、阅读服务，
一站获得。

图书在版编目（CIP）数据

浙江省版权局
著作权合同登记号
图字: 11-2022-109号

千脑智能 / (美) 杰夫·霍金斯 (Jeff Hawkins) 著;
廖璐, 熊宇轩, 马雷译. -- 杭州 : 浙江教育出版社,
2022.9（2023.4 重印）
书名原文: A Thousand Brains
ISBN 978-7-5722-4184-0

Ⅰ. ①千… Ⅱ. ①杰… ②廖… ③熊… ④马… Ⅲ.
①人工智能 Ⅳ. ①TP18

中国版本图书馆CIP数据核字(2022)第140759号

上架指导：人工智能 / 科技趋势

千脑智能
QIANNAO ZHINENG
[美] 杰夫·霍金斯（Jeff Hawkins） 著
廖 璐 熊宇轩 马 雷 译

责任编辑：高露露
美术编辑：韩 波
封面设计：ablackcover.com
责任校对：李 剑
责任印务：曹雨辰
出版发行：浙江教育出版社（杭州市天目山路 40 号 电话：0571-85170300-80928）
印　　刷：唐山富达印务有限公司
开　　本：710mm ×965mm 1/16
印　　张：22.25　　　字　　数：287 千字
版　　次：2022 年 9 月第 1 版　　　印　　次：2023 年 4 月第 2 次印刷
书　　号：ISBN 978-7-5722-4184-0　　　定　　价：109.90 元

如发现印装质量问题，影响阅读，请致电 010-56676359 联系调换。